乡村景观
改造图解

许哲瑶　杨小军　著

江苏凤凰美术出版社

图书在版编目（CIP）数据

乡村景观改造图解 / 许哲瑶，杨小军著 . -- 南京：
江苏凤凰美术出版社，2023.5
ISBN 978-7-5741-0910-0

Ⅰ . ①乡⋯ Ⅱ . ①许⋯ ②杨⋯ Ⅲ . ①乡村规划－景
观规划－景观设计－图解 Ⅳ . ① TU983-64

中国国家版本馆 CIP 数据核字 (2023) 第 066346 号

出版统筹	王林军
策划编辑	段建姣
责任编辑	孙剑博
特邀编辑	段建姣
装帧设计	毛欣明
责任校对	王左佐
责任监印	唐 虎

书 名	乡村景观改造图解
著 者	许哲瑶 杨小军
出版发行	江苏凤凰美术出版社（南京市湖南路1号 邮编: 210009）
总 经 销	天津凤凰空间文化传媒有限公司
印 刷	雅迪云印（天津）科技有限公司
开 本	889mm×1194mm 1/16
印 张	13
版 次	2023年5月第1版 2023年5月第1次印刷
标准书号	ISBN 978-7-5741-0910-0
定 价	158.00元

营销部电话 025-68155675 营销部地址 南京市湖南路1号
江苏凤凰美术出版社图书凡印装错误可向承印厂调换

前言

新时期的乡村景观被寄予多重厚望，但景观的赋能效果差异较大，如何才能还原乡村本真，在现代的时空语境下，让乡村营建保留乡村记忆和地域认同？实践经验告诉我们，回归乡土文化，回归在地性转译的重要性和必要性，将传统乡村所蕴含的生态智慧梳理总结，并在规划设计和建设过程中输出应用，再通过乡村触媒体系的构建，即可实现乡村弹性、渐进式的保护、更新和发展。

一方水土养一方人，先人们早已用他们的智慧演绎出乡村与土地关系的最佳方式。在乡土景观中，不仅历史建筑、遗存值得尊重，历史景观同样也值得尊重，它们是重要的文化遗产，也是乡村记忆与文化的载体。

"源于乡村，回到乡村"，本书梳理了我国典型的乡村景观原型，从创新式历史保存、乡愁景观保存与恢复、公共艺术介入、多功能设施联结情感和乡土植物选用的角度，按街巷、埠头、檐廊、桥、驳岸、公共活动场院、宅院、书院、祠堂、过渡空间和田园景观等类别进行图解分析，试图诠释隐没在乡村的历史叙事，实现基于历史文脉延续的空间再现。

乡村是一个既具个性又有共性的地方，那些满足基本生产、生活需求的规划和建设就具有一定的共性。本书根据各种情形，归纳总结出具有共性、可复制的模块，利于大量分散的自然村落在规划建设中进行快速组合和实施。这种普适性的设计策略和建设模式，可以大大简化乡村的工作程序，发挥设计策略的指导性和灵活性，方便同时开展多个村落的规划设计和建设。

著者

2023 年 2 月

目录

第四章　乡村景观改造实践

传统村落景观体系

一、典型的乡村聚落类型

1. 农家生活型聚落

　　尉迟寺聚落遗址地处我国南北方的重要分界线——华北平原与江淮丘陵的过渡地带，体现新石器时期晚期聚落的形态和景观构成特点。每个独立分户的居住单元房前有自己独立活动的小场院，体现了以家庭为单位的农家生活方式，整体聚落环境布局以居民活动空间需求为出发点。

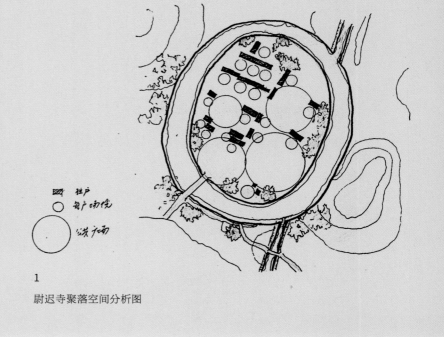

1

尉迟寺聚落空间分析图

2. 宜居环境型聚落

　　到了商代晚期，河南安阳殷墟孝民屯聚落作为半地穴式的铸铜工匠聚居点，总体布局为前排房屋与后排错位，相距8～10m，以利通风。房屋空间成团成组，大小院落和场地有机联系，院落空间可以延伸视野。大小不一的户外院落相对独立，庭院植被繁茂，绿荫掩映，体现了奴隶社会底层百姓的生活智慧。

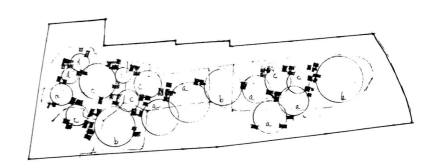

2

孝民屯聚落环境空间分析图

由居住房屋围合成几种环境空间
a. 半开敞的空间
b. 广场式的空间
c. 大院落式空间
d. 小院落式空间

3.隐蔽曲巷型聚落

湖南道县清塘镇千年古村——楼田村，村落布局因山就势、因地制宜，巷道呈"八卦"曲形，从远处看不清全貌，但走进巷道弯直交错的院里，就能感受到古村的庭深院大。其格局既有利于深宅大院的隐蔽，也有利于对外防御。村里的濂溪祠最早建于南宋，祠堂前临稻田和山脉，背靠道山，从山中流出的"圣脉"泉水汇成小溪，从村前流过。

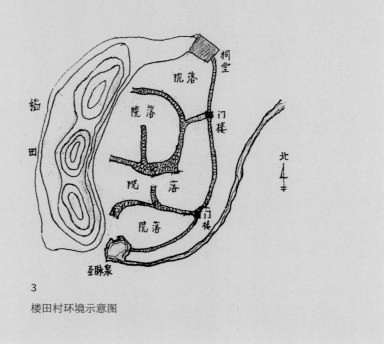

3
楼田村环境示意图

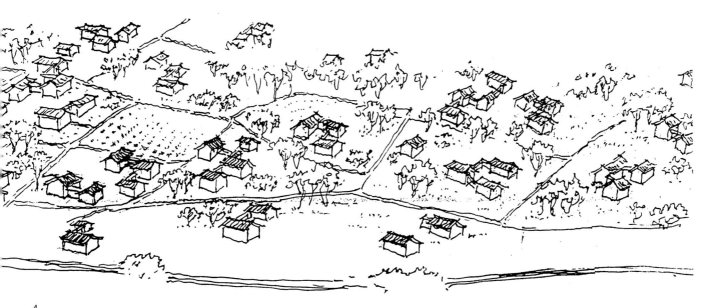

4
孝民屯遗址复原示意图

4.防御井巷型聚落

汉唐以来，受周礼影响，形成整齐划一的"井形"街巷模式。湖南江永县夏层铺镇的上甘棠村坐落在群山环抱的田洞边缘，背倚滑油山，好像坐落在太师椅上。村后山脚下有三节石壕，地下暗泉汇成小溪，沿着壕沟流进两个大塘，再由大塘流入村前的谢沐河。由山、水所成的天然屏障，构成上甘棠村的外围防御体系。

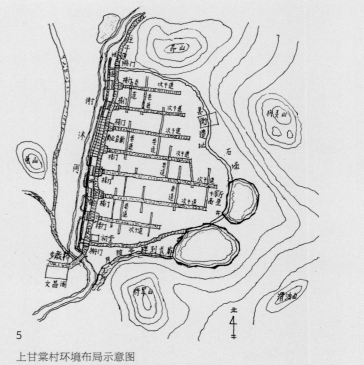

5

上甘棠村环境布局示意图
（参考张官妹、胡功田《千年文化古村上甘棠》绘制）

二、村落文化景观分类

传统村落景观被认为是重要的文化遗产之一，其表述特点附着在物质与非物质空间中，可根据它所从属的文化景观进行分类。

我国古代聚落布局大多具有祭坛、公共活动场院和作坊遗存，在不同的历史时期和地域环境下，孕育出了不同的村落景观空间形态。

❖ 村落文化景观

大类	中类	小类
物质类文化景观	聚落景观	＊街道、巷道、书院、宅院、宗教与祭祀场院、公共活动场所、构筑物（水口）、树（林）等
	生产景观	＊梯田、特色农业景观、鱼塘、河道、引水渠、提水设施等
	生态景观	＊山林、水系、土地利用格局等
非物质类文化景观	生产、生活方式	＊传统生产（包括耕作、养殖等）方式、居住习惯、手工艺等
	风俗习惯	＊宗教与祭祀活动、语言、节庆、庙会与集会、礼仪、丧葬、婚嫁等
	精神信仰	＊宗教信仰、价值观念、图腾、村规民约、道德观念等
	文化娱乐	＊文史、音乐、戏剧、民间美术、舞蹈、杂技、歌圩等
	历史事件	＊神话与传说、人物、事件、地方志、族谱等

● 1
浙江金华桃溪镇的陶村，因种有桃千树而名桃溪。环溪风光宜人，街巷尺度和每家每户相对独立的院落空间，创造了宜居的环境。图为陶村场院现状

● 2
广东佛山大旗头村街巷

● 3、4
地处云贵高原的贵州西江苗寨，四面环山，山地地形是苗寨的景观骨架，吊脚楼村落贴合地形，依山就势。白水河从寨子中间穿过，将寨子一分为二。村民以农业生产为主，农田集中分布于沟谷和平缓坡地。苗寨借助山的走势、河的动态，创造出"山水一体、天人合一"的景观格局

第二章

乡村景观设计
更新与营建

创造式历史保存 …

乡愁景观保存与恢复 …

公共艺术介入 …

多功能设施联结情感 …

乡土植物选用 …

"一村一品一特色"的美丽村居建设策略,为城市村居注入环境艺术,无疑是打造村居景观亮点的重要途径。通过梳理村居产业、生活和空间的关系,应用创造式历史保存、乡愁景观保存与恢复、公共艺术介入、多功能设施联结情感、乡土植物选用等设计方法,点亮村居的公共节点、文化地景和居民密切交往的公共空间。

一、创新式历史保存

通过整体考量，创造一个未来真正需要的空间，并以最少环境干扰的设计，重新赋予遗留下来的"片言只语"新的机能，不仅可以保留历史构筑物，还可以创造一个能够"活用"的空间。

1 场地改造前

5

6

7

2 3 4

8

● 1—8

浙江丽水平田村的农耕馆位于村庄核心区，原来是几栋破损严重的夯土村舍，虽然其本身不是历史文化建筑，但是所处位置对于村庄整体形态以及村里的公共活动区域都有重要作用，形象影响较大。因此，将之改造成为新的村民中心，展示平田村的农耕文化，并作为手工竹艺作坊，支撑村里的文化配套，兼具文化交流功能。农耕馆包括南北两栋相邻的房子，南侧是主体，北侧是艺术家工作室，中间为手工作坊，一层空间内陈列着老式的农耕工具，同时也展示了传统夯土墙建筑和其中的木结构（图片来源：周洋）

9 场地改造前

● 9、10

广东珠海横琴下村场地原有两根麻石柱子，是村里的历史建筑倒塌后遗留下来的（见左图）。通过重新梳理周围环境，清除违章搭建的杂物棚子，充分利用清理出的场地空间，将柱子作为过往的积淀留存，改造后成为新的公共空间元素。

村民、社区组织和政府共同协商公共设施的转型，三方均期待增加文化传承空间元素，并最终确定将该片场地设计为读书角，设置一个村居书吧，为游客带来独特的阅读体验，也为村中老人和孩子提供休憩和学习之地。此外，还将定期举办读书活动，形成场所吸引力

10

二、乡愁景观保存与恢复

乡村现有的村民自耕地、石磨、古树、石板路等，凝聚了村居的历史文化，不仅是独特的景观资源，更是村民寄托乡愁的载体。通过梳理这些元素和场地的肌理关系，如疏浚水系，或者增加一些景观要素，重新建立乡愁载体与场地的关系。传统石、砖、土、木、蚝壳等乡土材料和砖作、木作、瓦作、夯土等传统工艺，以及中西合璧的砖石作、水刷石、琉璃花窗等，都具有强烈的乡土属性和美感，共同构筑出灿烂的地域景观。

◉ 1
农家宅旁院落结合现代功能需求改造为有一定私密性的户外多功能空间，聚餐、泡池和儿童沙池场地的打造都运用了农家传统自然元素，回归大自然

◉ 2、3
把农家旧物和村旁浮木回收利用，便可以成为园门角隅的园艺小品

● 4

毛石、土瓦、土砖、原木搭建的园路和院墙，在攀援植物的装饰下，充满野趣和生机

● 5、6

宅院的改造，陶罐、瓦罐、毛石、原木的重新组合，成为花艺工作坊，返璞归真

● 7—9

广州花山镇洛场村以石磨为桌，并搭配石盆组景，成为休闲的配套设施，装点街角

● 10、11

广东佛山三洲村利用宅后小院和前院展示了农耕文化的场景，让人穿越过去，感受生活的美好

三、公共艺术介入

奥地利建筑师卡米诺·西特在《城市建设艺术》（*The Art of Building Cities*）一书中提出，公共艺术在城镇布置中具有合理而重要的地位，能够随时随地影响公众，是乡村苏醒和恢复生活气息的一种有效景物。公共艺术的设计应关注日常生活如何与公共街区和审美相结合，不断孵化出社区的"文化细胞"，融合并丰富村居的社会价值。

墙体彩绘是近几年兴起的一种墙体美化方式，有施工快、个性强的特点，容易在短时间内营造艺术氛围。

● 1—4

山西沁源县韩洪沟老村有棵百年大槐树，如同神灵般守护着村庄。大槐树下一直是村民集会的地方，以前是村里重要的公共空间，也是体现村庄精神之地。通过增加红色艺术装置，将窑洞与大槐树一起对场地进行围合，成为乡村记忆馆和小剧场。看台斜向楼板下的室内空间设计了一个下沉式剧场，可以播放影像，与户外看台功能互补，满足了北方地区冬季的室内活动需求（图片来源：金伟琦、何葳）

● 5　安徽合肥昶方村墙体彩绘
● 6　广东东莞新基村墙体彩绘
● 7、8

广东珠海横琴下村的南洋风格建筑和依山傍水的自然条件，以及日渐成熟的商业氛围，都是公共艺术街区的孵化土壤。村内商业街打造成一个"沉浸式体验"的公共空间，让艺术点亮生活。光亮小品的植入增添了村居入夜后的商业氛围，也给原住民提供了一处聚集、沟通的场所。入口广场设计了互动拱门、色彩围栏和光影廊架三个公共装置，意为穿越时光隧道。这些集科技、艺术和功能于一体的"3D"公共艺术装置，采用人体雷达感应的智能开关等技术，安全性能高，景观效果好，且可与村民进行互动，为公共空间增添趣味

● 9、10

小花小草、外星人、熊猫，从墙面画到门板，从地板画到围墙，连地上的水沟盖也不放过，
缤纷的涂鸦中呈现出一种梦幻的趣味

● 11

沿着村边的河涌水口林，民居外墙彩绘了民俗画

四、多功能设施联结情感

在存量化的村居公共场地中，满足不同人群使用需求的多功能设施，是营造公共空间场所感的重要载体，也是构建村民情感联结的重要桥梁。

● 1、2

以广东珠海洋环村为例，村中最大面积的广场空地是村内儿童室外活动的唯一空间，原来的娱乐设施为塑料钢材组合滑梯和健身设备，无法满足村民多样化的功能需求。因此，在多功能儿童活动设施的设计上，从洋环村的场所精神着眼，研究其渔村历史，重塑场地精神，彰显洋环村的文化传统，重构村民的情感联结。

设计将渔船、渔网等本地传统生产元素解构，融入现代活动设施当中，采用木制材料，打造了一座 3 m×5 m 的船形儿童游乐设施"洋环号"。设施汇集了木制鱼骨、麻绳、贝壳风铃、竹篮、渔灯等元素，展现了渔村历史主题，同时满足攀爬、休憩、捉迷藏等功能，带给孩子们与众不同的体验，并能作为亲子活动的场所，是一个充满交互性和促进交流的空间。同时结合夜景照明设计，延长了艺术小品的使用和村民参与的时间。该设施的设计细节紧扣主题，可以很好地与儿童产生情感共鸣，既让人想到当地的港湾历史，又铸就了洋环村的现代化新形象

1

2

五、乡土植物选用

植物不仅能增加村居绿量，调节村居环境小气候，还能把村居生活与绿色生态融为一体。因地制宜地选用当地乡土植物，采用"见缝插绿"的造景方式，能有效地突出村居特色。

● 1

自古以来，"建村栽树"是一种传统。村居保留下来的百年老树，见证着世代村民安居乐业的生活，对本地村民而言具有重要意义

● 2

沿河道的水口林得以保留，从而保留了民居的埠头以及撒网打鱼的生活场景

● 3、4

村口的仁面树得以保留，树上系秋千，树下可闲聊发呆

乡村景观设计工具包

一、街巷

街巷是串联不同功能性院落的"线"性元素，起到空间组织的重要作用。跟随院落的纵向、横向或者混合发展模式，街巷形成了街巷空间、交叉口空间、节点空间和转角空间四种景观类型。

1. 街巷空间

街巷的空间尺度与两侧的景观元素构成了强弱不同的围合感，而且各有特色。比如，山体的走势为街巷提供了曲折向上的可能，折线形的街巷能消除两侧密闭的压迫感，也更容易引导游人视线。另外，两侧建筑的进退变化结合门楼、影壁等元素，增添了街巷空间的动感。在狭长的街巷里，通过增加景门来分隔路段，往往能提高识别性。

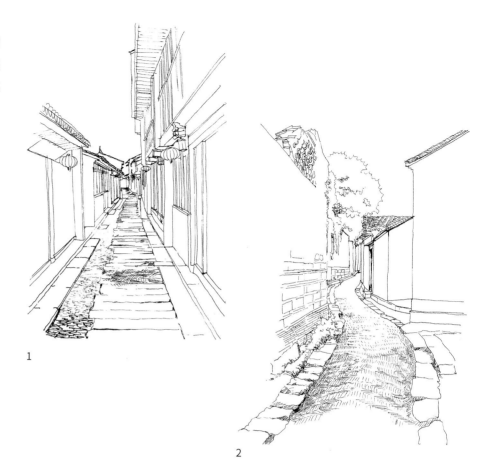

1

2

● 1
江苏张家港市恬庄村恬庄北街
● 2
江苏苏州杨湾村"万人纹"青砖老街
● 3
浙江永嘉芙蓉村的村寨门主街——长塘街，又称意街或笔街，由砖块和条石铺筑而成

3

● 4
街巷里增加油纸伞，增添氛围感
● 5
铺装与建筑和景观小品风格统一
● 6
广东佛山大旗头村的街巷空间
● 7、8
云南香格里拉独克宗古城街巷，平坦而蜿蜒地依山而建

● 9、10

山西晋中平遥古城的铺装

● 11

浙江永嘉岩头村水街的块石铺装与石板桥形成呼应

● 12、13

除了传统修旧如旧、遵循传统的铺装方式，还有利用叙事空间组织植入新元素和理念的铺装方式。例如，广州花都港头村参考古书形式，对文字进行拆解与重新排版，融入铺装中，在石板街局部嵌入灰瓦和花岗岩

● 14

方形石板密缝拼接，再规则镶嵌草坪

● 15

碎石外用规则灰麻石围边，再镶嵌草坪

● 16

石板密缝拼接，周边搭配碎石和草坪

● 17

石板嵌草，形成汀步

- 18、19

广东东莞厚街的亲水平台铺装,大面积灰色花岗岩镶嵌黑色刻诗条石,统一中有变化

- 20

较宽的园路中间用麻石工缝拼铺,两侧用人字形青砖,再用花岗岩压条

- 21

公共建筑外铺装平台用麻石工缝拼接

- 22

混凝土塑木印纹,环保且价格低廉

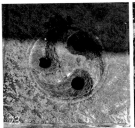

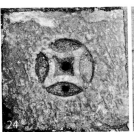

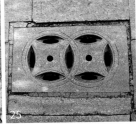

● 23
鳌鱼口水盖

● 24
单铜币口水盖

● 25
双铜币口水盖

● 26
梅花口水盖

● 27
太极口水盖

❖ **街巷空间设计示意**

等级	宽度	界面围合	剖面示意	空间表述特点
一级 （4.0～4.5m）	4m			＊ 坡度较大，一侧有建筑，故不显局促。因本身较宽，更显开阔
	4m			＊ 有曲有折，山墙作为一侧的主立面，略有转角，能调节空间感受
	4.5m			＊ 空间较开敞，界面有转折，院墙高低错落不死板，有一定的通透性
二级 （2.5～3.5m）	2.5～3m			＊ 空间较平直，两旁为影壁和门楼，山墙立面丰富的天际线使围合界面显得活泼
	3.5m			＊ 交叉口附近路段较短但略宽，与屋顶平台相连，一侧为遮阴大树，一侧为建筑，小气候条件宜人，能聚人气，老人、孩子可聚此乘凉
三级 （1.5～2m）	1.5m			＊ 通向下一层院落的山路，一侧依托高大的挡土墙，一侧临近山野树林，曲折蜿蜒，颇有山野之趣
	2m			＊ 影壁和矮墙的相间分布使空间不显沉闷和狭长，反而视野开阔，易于观景

❖ 街巷铺装示意

等级	铺装示意	简要分析	等级	铺装示意	简要分析
一级		* 以轮廓较圆的大石块拼接而成，排布虽不规整，但基本是大石铺砌、小石填缝	交汇口		* 交汇口的用砖与上下巷基本相同，只是大小不一，沿着道路走势铺设。因为是坡地，经过雨水的冲刷较光滑，易摔倒
		* 长方形砖块短边拼接而成的道路，经过碾压，显得平整而细腻	三级		* 小路由圆石拼接而成，石头基本上是椭圆形的，大大小小，凸凹不平
二级		* 由较大长方形砖块拼接而成，长约60cm，宽约40cm，显得大气稳重			* 小路的铺装主要以带棱角的碎砖拼接而成

28 大石铺砌，小石填缝

29 长方形石板短边拼接

30 长方形石板拼接

- 31 交汇口坡地铺装
- 32 棱角碎砖拼接
- 33 青砖、花岗岩席纹铺装

2. 交叉口空间

交叉口形态活泼，连通着各条主次道路，主要类型有丁字形、放射形和树杈形三种。在交叉口的景观元素中，常设有一棵古树、一道景门和一片矮墙，村民可以坐在大树下聊天、择菜，闲话家常，是充满生活气息的场所。

❖ **交叉口空间设计示意**

类型	空间表述特点
丁字形	★ 与上下巷的衔接处存在高差，可用于坡度较陡的场地，道路较狭窄

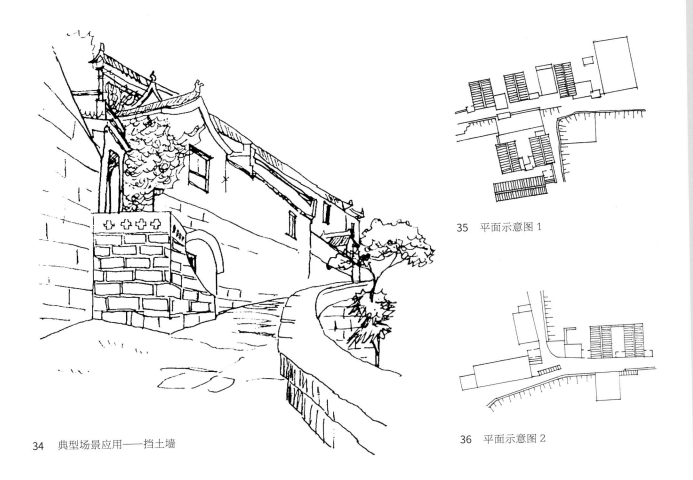

34 典型场景应用——挡土墙

35 平面示意图 1

36 平面示意图 2

类型	空间表述特点
放射形	＊ 以放射形道路为中心向外辐射，每一分支都通向不同高差的巷道

37　典型场景应用——景门、古树

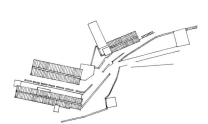

38　平面示意图 1

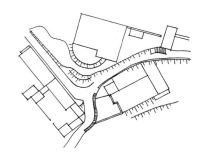

39　平面示意图 2

类型	空间表述特点
树杈形	＊ 用于院落群内部，以建筑入口前空间为节点向单边延伸，连接不同高差的道路

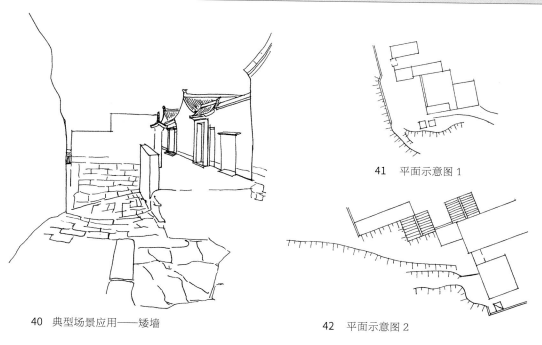

40　典型场景应用——矮墙

41　平面示意图 1

42　平面示意图 2

3. 街巷节点空间

街巷节点空间是指位于街巷交叉口或街巷尽端的空地，不仅是视线焦点，也是不同尺度、功能、主题街巷空间的转换地，还是重要的交通节点。街巷节点的景观要素包括景门、铺装、园林小品、绿植等，根据节点所处的不同空间位置，具有不同的表征特点。

43　江苏镇江华山村的青砖景门

44　浙江嘉兴乌镇的白墙景门

类型	景观场景	设计特点	类型	景观场景	设计特点
尽端节点		＊ 为视线焦点，景观元素突出，如突出的门楼与内凹式街坊。造景手法与街巷形成对比，体现在材质、色彩、高差、简繁等方面	公建入口		＊ 标识性入口元素利用高度、材质和颜色形成对比，具有丰富而有吸引力的景观元素，如石鼓、石钵等。入口前需有引导式景观序列，如绿篱、麻石铺装等
序列断点		＊ 为巷道断点，即底层商铺向内收，形成户外露天茶座，增加绿植，把原来封闭的空间改造成半开敞空间，满足现代功能需求	场院入口		＊ 不同功能场院的交点，是人流的交汇处，也是视觉的聚焦点。一般用于两种场院的铺装过渡，焦点景观元素有石磨、绿植等
桥头节点		＊ 处于景观桥衔接之处。门坊的设立作为街巷的起点，屋顶与街巷建筑统一，色彩和材料有一定对比，如白墙街坊，门坊用木结构。主要起提示和空间分隔作用，也便于安全管理	街巷节点		＊ 长长的街巷通过节点划分序列，景门是常用的划分元素。景门的色彩最好与街巷形成对比，以加强视觉识别性

4. 转角空间

转角是街巷线性空间的停顿，尤其在山区的乡村，转角空间更是千变万化，角度多变，形状也各异，村民在转角偶遇还会驻足闲聊，别有趣味。

在岭南传统村落的街巷转角，民居墙壁上、村口榕树下大都镶嵌着一块刻着"泰山石敢当"或"石敢当"字样的石头（材料为红砂岩或麻石），

有字的周边还雕刻纹样。相传"石敢当"是封神榜上神将之一，"敢当"者，其言一言九鼎，也能够避邪趋吉，是一种心理崇拜。

❖ **转角空间设计示意**

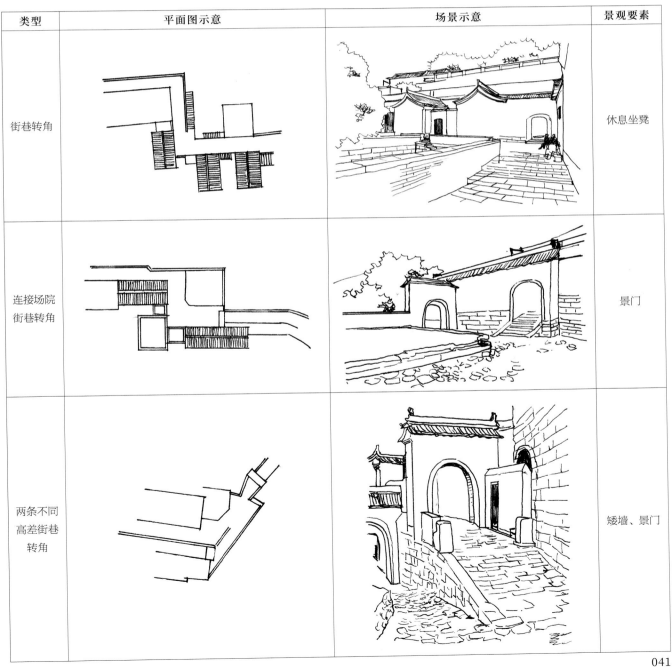

类型	平面图示意	场景示意	景观要素
街巷转角			休息坐凳
连接场院街巷转角			景门
两条不同高差街巷转角			矮墙、景门

5. 街、院、室空间转换

日本当代著名建筑师芦原义信在《外部空间设计》中提到，"空间基本上是由一个物体同感觉它的人之间产生的相互关系所形成的"。延伸来理解，建筑空间转换就是连续的不同物体（或一个自我变化的物体）同感觉它的人物之间发生的相互关系所形成的感受。比如，前文提到的街与院，在"逢场"的时候，场镇中的街道类似于城市商业街，起到交通空间的作用，是一个流动性的空间，但是不"逢场"的时候，有些人就会在街上喝茶、"摆龙门阵"，或坐在店门口择菜、小孩在街道上玩游戏等。这些充满生活气息的场景又像是在自家院子才能营造出来的，是一个静态的慢节奏空间。如此一来，同样的地点，同样的一群人，时间发生了变化，街道的空间形式就转化成了院坝的空间形式。

传统民居的街、院、室，由于其空间形制的弹性特征，具有极大的灵活性。街道的空间可以延伸到"院"，"院"的多元与开放又能很好地连接室内和街道。在特定的时间，三者都会有不同的空间感受并产生联系，这种联系就是空间转换所带来的。

❖ **结合山地、台地的街、院、室布局特点**

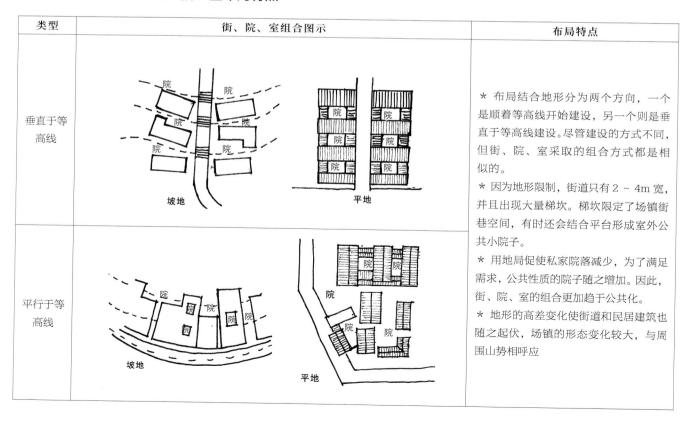

类型	街、院、室组合图示	布局特点
垂直于等高线	坡地　　平地	* 布局结合地形分为两个方向，一个是顺着等高线开始建设，另一个则是垂直于等高线建设。尽管建设的方式不同，但街、院、室采取的组合方式都是相似的。 * 因为地形限制，街道只有2~4m宽，并且出现大量梯坎。梯坎限定了场镇街巷空间，有时还会结合平台形成室外公共小院子。
平行于等高线	坡地　　平地	* 用地局促使私家院落减少，为了满足需求，公共性质的院子随之增加。因此，街、院、室的组合更加趋于公共化。 * 地形的高差变化使街道和民居建筑也随之起伏，场镇的形态变化较大，与周围山势相呼应

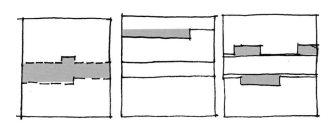

45 街、院、室转换变化示意图

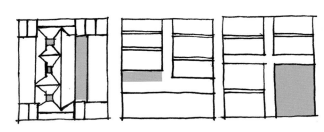

46 街、院、室空间转换示意图

街、院、室作为组成传统聚落的主要元素，在其他区域也是存在的。但是成渝古道传统民居场镇的街、院、室空间转换，相比其他聚落显得比较特殊，既没有北方中原地区聚落的街、院、室三者界线分明，也没有南方土楼的街、院、室三者完全融合。其街、院、室三者通过相互转换，满足了开放性活动的需求，也满足了个人工作、生活的私密，在众多因素影响下，显得独具特色。

❖ 街、院、室空间转换方式

类型	图示	表述特点
街、院共用		＊ 随着乡村的发展，拥挤的用地不能使每家每户都拥有私家院子，加上行人日渐增多，街道不足以满足人流要求，人们便将自家院子贡献出来，与街结合，形成街、院共用
街、院互换		＊ 将院子挪到街上，街道宽了，院子也大了，于是将居室也加入进来，共享空间

二、埠头（码头）

元代诗人李孝光《十里》诗有云："官河十里数家庄，石埠门前系野航。"所谓埠，即埠头，也意指码头。水乡的驳岸边有无数的石阶，是连接水巷与河水的通道，各地称呼不一，岭南水乡称埠头较多，江南水乡则有的叫河埠、水埠、水码头，也有的叫踏道，杭州人则称之为河埠头。

水乡埠头密集，功能丰富，是最聚人气的"共享空间"。从前，人们在埠头取水烧茶做饭，甚至洗澡和洗衣。在水路交通时代，埠头则成为各家亲戚朋友迎来送往的"礼宾台"。

埠头由石阶组成，形式各异，根据各家建筑规模、位置和出入口而进行大小、规格、形式与走向的设置。

埠头必须用耐水浸泡的石材砌筑，既坚硬，又防滑，首选材料为花岗石。石材的规格接近现代建筑规范对踏步的尺寸要求，宽敞水街的埠头往往做得平缓而舒适，狭窄水街的则陡峭而费力。砌筑前先在河床打木桩，再用乱石铺底，公共埠头还会铺设一处较为宽敞的石板平台，便于用水。

在丰水季节，石板平台往往淹入水中，常用者就会熟练地挽起裤脚，下河立于石板上洗濯衣物。

当埠头的底部做好了，踏步的条石就由桩基起始由下向上逐级实砌，上块压着下块，最后一块同街面齐平。埠头的砌拱与驳岸是脱开的，各自变形沉降，互不影响，不做栏杆（栏杆占地方，妨碍使用）。埠头台阶常年被河水浸泡，底部地基容易沉陷坍塌。

延展知识点

◆ **河桥的做法：**

◎ 石块砌筑前要先打 1 ~ 2 道木桩（常用杉木，杉木在淤泥中浸泡不易腐烂），然后再铺踏步石条。

◎ 驳岸的石条与河桥的石条互相咬合，具体做法是用驳岸石条压住河桥石条，可以保证经久不塌。

◎ 淤泥中打木桩的做法也可用于石拱桥的建造（方法详见第 57 页）。

❖ 埠头（码头）类型

类型	开阔湖面埠头
景观场景	
表述特点	* 可停靠数量较多的游船
类型	私家埠头
景观场景	
表述特点	* 临河而建的民居，在建筑濒水一侧开出后门，根据自家需要及生活习惯，修建一座私家码头，可"转折跑"，也可平行河岸或垂直河岸"单跑"。码头宽度通常不足1m，小巧而精致。一般住户较密，河埠头建造成平行驳岸的"八字双向双分单跑"或"八字双向双合单跑"

类型	凹入式埠头
景观场景	
表述特点	* 适宜临时停靠游船，位于街宽处，为凹入式
类型	河道交叉口埠头
景观场景	
表述特点	* 处于河道的转折凸岸处，往来船只很容易撞上墙脚，为了方便自家汲水而盖埠头，相当于"河桥"的作用，有保护驳岸、墙基的作用

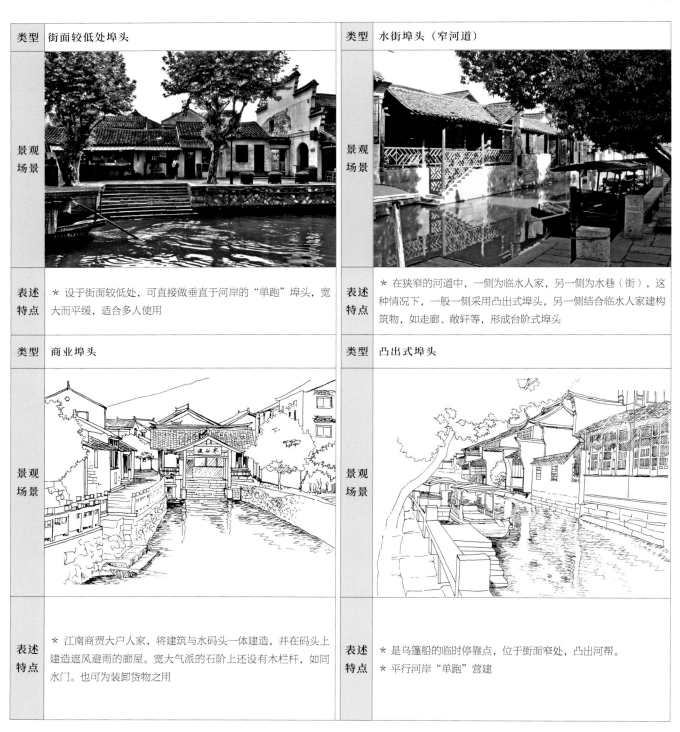

类型	街面较低处埠头	类型	水街埠头（窄河道）
景观场景		景观场景	
表述特点	＊ 设于街面较低处，可直接做垂直于河岸的"单跑"埠头，宽大而平缓，适合多人使用	表述特点	＊ 在狭窄的河道中，一侧为临水人家，另一侧为水巷（街），这种情况下，一般一侧采用凸出式埠头，另一侧结合临水人家建构筑物，如走廊、敞轩等，形成台阶式埠头
类型	商业埠头	类型	凸出式埠头
景观场景		景观场景	
表述特点	＊ 江南商贾大户人家，将建筑与水码头一体建造，并在码头上建造遮风避雨的廊屋。宽大气派的石阶上还设有木栏杆，如同水门。也可为装卸货物之用	表述特点	＊ 是乌篷船的临时停靠点，位于街面窄处，凸出河帮。 ＊ 平行河岸"单跑"营建

三、檐廊

檐廊也称廊棚、廊檐或楼檐，是指沿河民居屋檐向河边延伸的部分。傍河的居民为了遮阳避雨、进行户外活动或开设店铺，将建筑空间自然向河面延伸，各家加宽屋檐，形成自家的室外"灰空间"。一家，两家，渐次连成过街檐廊。

民居檐廊大多为单面空廊，岭南、江南地区常伴多雨时节，而低矮的木构建筑经不起雨水的侵蚀，小青瓦又只能铺盖坡屋顶，故挑出屋顶是遮挡雨水的最好办法。

屋檐外伸，必须加支撑，于是在河旁就立了一排廊柱。木柱支撑在檐口处，下端设石柱础，既承载荷载，也防雨水侵蚀。有的古镇习惯用砖柱替代木柱，如浙江西塘古镇保存下来的一些檐廊，虽然廊架仍用木构，但却用方砖柱包住，甚至主廊屋架也用泥灰封住，这样既保护了木构，也有一定的耐火作用。

廊柱支撑屋内伸出的挑梁或半屋架，再架檐标，做椽条，做法和民居建筑基本相同。不同的是在檐楣的外沿做出可坐、可倚的"美人靠"，充分发挥檐廊的休憩性和交往性。

● 1 作为码头遮蔽设施（浙江嘉兴乌镇）
● 2 连接滨水空间与分隔公共场院（浙江嘉兴乌镇）

⊙3 连接滨水空间与民居（浙江湖州荻港古镇）

⊙4 外溢商业空间（浙江湖州南浔古镇）

⊙5 江南水乡的茶馆大多建在桥头附近

⊙6 浙江湖州南浔古镇的百间楼沿古运河两岸建造，檐廊虽然也用木柱，但每楼之间设圆拱过街券门间山墙（或风火墙）向河边延伸、砖拱、白灰抹面、马头墙顶，连绵400m，气势非凡

四、桥

　　水乡的空间布局通常是以桥为联系纽带的，它在水乡中往往是街巷的交通枢纽、集市交往的会聚处。作为江南民间文化的重要载体，桥也是两岸交往的必由之路。

• 1、2
安徽歙县许村的廊桥南面供奉"观音菩萨"，上有"永镇安流"匾额一块，两边楹额为"南海岸来一瓶甘露，高阳桥渡千载行人"。传说"观音菩萨"为了拯救百姓而甘愿自身雕像被洪水冲走，世人为了感恩其壮举，重修了高阳桥

- 3　三跨式石拱桥
- 4　折边桥
- 5　古朴、稳重的太平桥，材料是花岗石
- 6　带木栏杆的折边桥

● 7　江南水乡多廊桥，该廊桥位于水口位置

● 8　浙江湖州荻港古镇商业街平石桥，桥栏板收口构件精细，让简单的桥型添了雅致

● 9　乌镇的平桥，灯安装的位置避免了炫光

● 10　九折桥

- 11

四川南充虎溪木结构廊桥结构轻巧，与旁边的依依柳枝和谐相融

- 12

四川南充虎溪木结构亭桥

● 13、14
浙江庆元月山村水尾的步蟾桥，始建于明朝永乐年间，现存建筑为1916年重建，是大跨度石拱廊屋桥

● 15、16
月山村水阁桥上的房屋通常用于祭祀与供奉，或用于临时居住、逗留。在劳作之余、雨天夏日，乡民们会不约而同地相聚在此歇息、聊天、喝茶。在一些忌日或吉日，乡民根据各家境遇，会在桥上庙屋做些祭祀活动

17

18

19

20

• 17—20
广东佛山逢简水乡的三孔石拱桥（18.栏板上的石狮子；19.抱鼓石；20.防滑石板桥面）。
在岭南地区，石栏板与抱鼓石上一般雕刻精美的图案，寓意丰富

21

22

• 21　广东江门古劳水乡石曲桥
• 22　岭南地区的简易石桥

❖ 桥的常见类型

类型	景观特点
石拱桥	＊ 最常见的桥梁跨度为 10m 左右。 ＊ 常见拱券形式有半圆拱、马蹄拱、全圆拱、折边拱等。 ＊ 充分利用了石材的脆性和抗压特点，一般圆拱不宜过大，跨度大的石拱桥宜为平拱，常见单孔和三孔。 ＊ 虽然施工复杂、用料较多，但结实耐久、形式美观，现在江南水乡还经常建造石拱桥，但局部构件会用钢筋混凝土预制件替代，更加安全可靠

23　石拱桥

类型	景观特点
平梁石桥	＊ 以石梁、石板做桥面（最小跨度可以不足 1m，桥面宽 1～2m），通常不做栏杆，适合乡村使用。 ＊ 石梁、石板没有严格的界限，一般以石材的宽度超过厚度的 2～3 倍称之为板，梁长易折，也难以运输和施工。常见石梁桥的单跨不会超过 10m。 ＊ 将石梁直接搁置在石柱上称为石梁柱桥，江南地区的石梁桥都为石梁墩桥，即将石梁或石板直接搁置在石壁墩上。 ＊ 石壁墩直立于基础上，较宽的桥还可以用铁锭将石壁相互锁定，形成方形桥孔。在靠岸的石壁墩后部的两侧砌石块，再填入砖石、灰土，上部做石板踏步及桥面

24　平梁石桥

类型	景观特点
水阁桥	★ 桥、庙组合的水阁桥（阁即为庙）是江南地区特有的形式，房屋与桥并置，跨砌在石梁上，两者并联。架在桥上的房屋如同水阁，非常独特。 ★ 水阁桥上的房屋通常用于祭祀与供奉，或用于临时居住、逗留，成为社会交往的场所

25　水阁桥

类型	景观特点
亭桥	★ 指在桥上加建亭子的拱桥或平桥，亭子四面开敞，临水的两面安装坐凳或栏杆。 ★ 形象比平桥和拱桥更丰富，也是远景的重要点缀。 ★ 可遮阳避雨，供人休憩、交流、观景，有的亭桥还有供人暂居的房间

26　亭桥

类型	景观特点
廊桥	＊ 木构廊桥（风雨桥）供人歇息。 ＊ 也可喝茶聊天、供奉祭祀，作为社交场所

27　廊桥

延展知识点

◆ 石拱桥的做法：

◎ 步骤 1：打桩基
江南地区常用的方法是往淤泥里密打松木桩（类似现代的钢筋混凝土预制桩），挤压土层，利用桩身与泥土之间的摩擦力进行承重，缺点是木桩腐烂后会造成桥墩的沉降。岭南地区一般采用桥墩下排列铺设木料做基础。

◎ 步骤 2：做基础
桩基做好，直接在桩木上铺石块做基础，在做拱券之前要用木料搭脚手架（拱架）。

◎ 步骤 3：砌拱
砌拱的石料做成微曲面状，长、宽各 30～70cm，厚 30～40cm，端头做成阴阳榫卯，互相搭接、相扣，有的还用铸铁件（铁锭）嵌入块缝，锁定连接。石拱券砌至桥顶处必须留口，称龙门口，待最后"合龙"。

◎ 步骤 4：合龙
合龙时先用硬木楔打入龙口，挤压两侧拱券石，使整个拱券隆起，脱离拱架，再放下"对口石"封顶，用拱石替代楔木，拱券就成形了，古代称之为"尖拱"技术。

◎ 步骤 5：砌桥墩、桥身
拆掉脚手架后，接着就是砌桥墩、桥身（拱上结构）。用石块丁顺组砌、错缝搭接砌筑桥的两侧，中空处填入砖石、灰土。

◎ 步骤 6：完成
最后用石板铺设桥面、踏步、栏杆，一座石拱桥就做好了。

❖ 以桥为中心的空间组织

类型	景观特点
平石桥与依桥楼	＊引桥与建筑融为一体。 ＊桥头的节点空间局促，与建筑首层空间结合，引导居民与游客停留、观景

28　平石桥与依桥楼

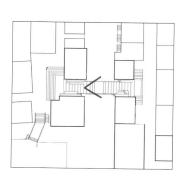

29　平面示意图

类型	景观特点
双桥（石拱桥与折边桥）	＊一般位于两条河流的交叉口。 ＊两座桥的造型形式不同，圆孔拱桥和方孔板桥形成强烈的视觉对比。 ＊栏杆的尺度舒适，便于人们休息，吸引居民与游客停留、观景。 ＊桥头的节点空间规模较大，周边建筑的门窗均朝向双桥，使得空间具有一种内向的聚集性

30　双桥

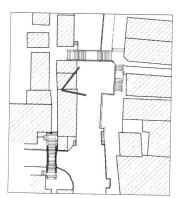

31　平面示意图

桥作为典型的交通元素,是串联和衔接其他空间的路径,以桥为中心的空间组织,其景观序列有如下两种常见模式:

模式 1:风景串联,自由组合

该模式的景观序列特点:由多条线段共同组合形成轴线,串联子空间,平面形式布置成不规则的视线关系,即自由的"风景式"景观序列。例如,浙江湖州新市古镇望仙桥处在沿河街道空间的拐点与视觉焦点位置,观赏者可以根据自己的喜爱与偏好选择最佳观景点,欣赏古镇风貌。

模式 2:轴线串联,依次递进

该模式的景观序列特点:沿着一条轴线使空间中的景观元素依次串联,形成对称式的景观序列,祠堂、城隍庙这类纪念性空间常用此模式。例如,上海朱家角城隍庙桥为中心的公共空间,其序列组织是门前布水设桥,与寺前广场、山门、建筑内部戏台、大殿形成中轴线,轴线两边均匀对称,空间视觉形象严谨。

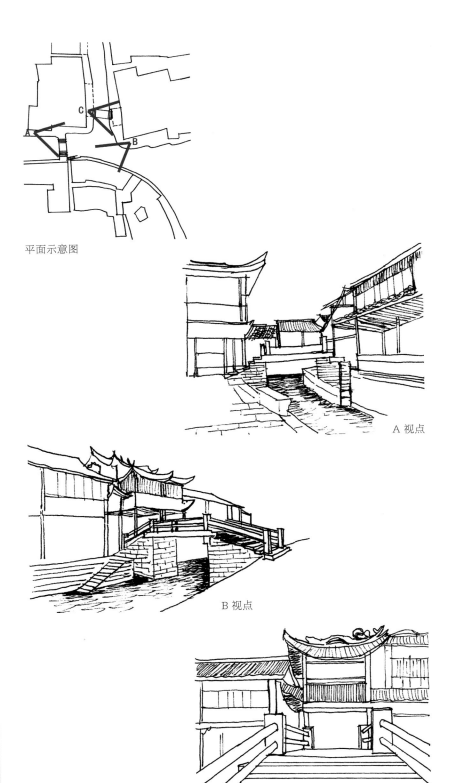

平面示意图

A 视点

B 视点

C 视点

32 新市古镇望仙桥与周边环境关系图

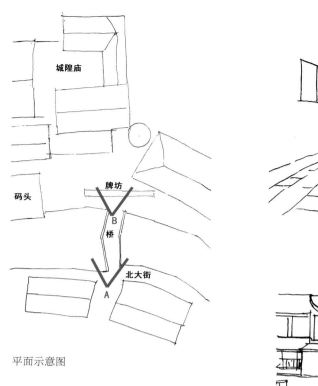

平面示意图

A 视点

B 视点

33　上海朱家角城隍庙桥与周边环境关系图

五、驳岸

驳岸也是一种挡土墙，但通常的挡土墙是倾斜的，较好地平衡土层的水平推力。为了解决垂直驳岸水平挡土力不足的问题，必须在水平方向做拉结，这就是为什么水巷街面也用石材的原因。它与驳岸条石错缝搭接，既承受了街面物体传来的竖向荷载，又挡住了土层与房屋基础因挤压形成的侧向压力。另外，水巷一侧的低层建筑大多为砖石浅基础，不能让水浸泡，因此，驳岸也就有效地保护了建

筑的基础，使其耐久。

为了便于船舶停靠，一些码头附近驳岸的条石上还凿有孔洞，俗称"船鼻子"（或称牛鼻头），做拴缆绳之用。"船鼻子"必须雕琢在伸入土层长条石的顶面上，形状如石锁的环把，能承受足够的拉力。石匠们常常在"船鼻子"上刻一些吉祥浮雕，如花草、羊角、如意、花瓶等，细微之处表现出较高的民间工艺技术。

坐船时，我们常常看见驳岸石壁

上有一个个的小洞口，洞口下方通常也雕刻着一些花草图案，起着滴水的作用，但这好看的小浮雕却是污水出口——民居下水道的排水口，污水就是由此流入河中。

各地水乡形态相近，但不同地方、不同时期具体构件的建造仍存在工艺上的差异。江苏吴江同里古镇的驳岸有不同时期的不同做法，可以借鉴参考。

❖ 驳岸类型

类型	景观特点
条石驳岸	＊用基本规整、尺寸相近的厚重花岗岩条石直立砌筑，缝隙间用灰泥填塞。 ＊条石驳岸搭砌整齐、丁顺有序、受力均匀。露出顶面的长条石深入驳岸土层，如同地下建筑的锚杆一样，与土层的挤压摩擦产生锚固力，使驳岸不至倾覆垮塌，长久耐用

1   条石驳岸

类型	景观特点
毛石驳岸	＊局部驳岸使用尺寸不一、不规则毛石直立砌筑，用碎石与灰泥土填塞缝隙，形态自然

2   毛石驳岸

《长物志》里记载："石栏最古，第近于琳宫、梵宇，及人家家墓。傍池或可用，然不如用石莲柱二，木栏为雅。"

考究的石栏杆制作是有法式的，其构造由三部分组成——望柱、栏板和地栿。望柱的断面一般为15～25cm，高1.1～1.3m，柱脚做榫，与地栿连接。柱头做雕刻，但江南水乡一般不做龙、凤、狮等柱头雕刻，常见的是方柱头，简单雕刻一些吉祥图案。

栏板与扶手一体凿成，由浅浮雕分段、分层，高度约为望柱高的一半，板厚约小于望柱断面的1/3。在栏板的两端及底边均凿有槽边，分别嵌入望柱和地栿的槽口内，并在扶手处凿圆洞，用铁销与望柱连接。地栿是石栏板的底座，宽为栏板的两倍，地栿间用铁扒锔连接。

按现在的建筑设计规范要求，水街的设计必须安装护栏，且护栏高度不得低于1m。但旧时的江南水巷的确不大设置护栏，原因之一可能是便于船只能随处停靠，同时也便于居民使用。

● 3　乌镇临水石护栏，不仅能供人停歇坐憩，还便于游船靠岸系绳

❖ 临水护栏类型

类型	景观特点
全石材护栏	＊大多石护栏的取材、规格、尺寸、做法都不统一，石材表面也不精于打磨，质朴粗砺。 ＊望柱、栏板、地栿间采用如木构的榫卯连接，而乡民喜爱在石栏上坐憩

4　全石材护栏

类型	景观特点
石头为柱，竹子为栏	＊简单地在河边立一块条石，凿两三个孔，穿毛竹做扶手、栏杆

5　石柱竹栏

六、公共活动场院

本书的公共活动场院是指广义上的乡村环境灰空间，具有向心性，由建筑空间围合而成，一般具有明确的边界。乡村的公共活动场院包括承载各种生活方式、生产方式的场域，是区别于宅院私密空间的公共开放空间。

1.中心场院

中心场院是指乡村中心的空间，是村民的公共活动中心。一方面是形式上的中心，聚族而居的传统村落，宗祠前的场院就是村落中心；另一方面是精神上的中心，如祠堂前广场、门楼前广场等。

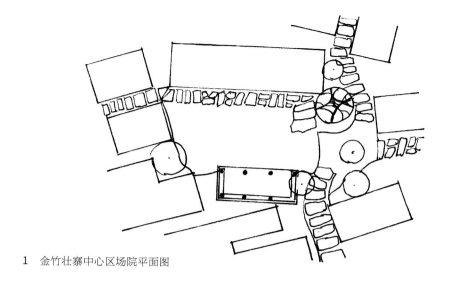

1　金竹壮寨中心区场院平面图

2

● 2

广西龙胜金竹壮寨地处龙脊梯田风景区的入口，整体布局体现出生活需求和自然环境的完美融合。质朴的村舍与石板路、山石护墙、花木丛林等相得益彰，形成返璞归真的场景。这个位于山寨中心区域的场院，约30m×10m大小，在陡峭的地势里算是一块较大的空旷平地，可容全寨村民集会活动，平时也可做晒谷坪。场院临坡一边建一凉亭，是村民聚会休闲的地方。场院尽端有一棵高大的千年古樟树，先祖的木雕头像供奉在树干上，供村民参拜。古木前方放置有一块青石板，上刻"姑娘"两个大字，是专为寨里年满16周岁的年轻少女而设的，壮寨的"长老"要给16周岁的少女举行成人之礼，这是金竹壮寨的特有风俗

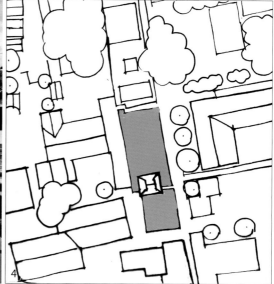

● 3、4

浙江永嘉芙蓉村主干道如意街的中段位置，有一处"芙蓉池"，是村民的休闲中心，也是村内最完美的一组环境空间，占地面积 51.5m²。池上的凉亭建于明代初期，亭子飞檐翘角、通透玲珑，像是一朵盛开的芙蓉花。亭内设有美人靠，南北方向都有石板通向亭中，村里老少都喜欢聚集在此，享受一份安定、宁静和祥和。每到夕阳下山时，这里亭影、屋影、人影在水中交相辉映，格外富有诗情画意

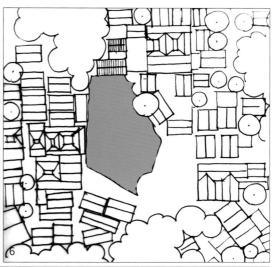

● 5、6

浙江金华诸葛村中心钟池。钟池是诸葛村的中心，边上是一块与它逆对称面积的陆地，八条巷弄向外辐射，似通非通，似连却断，呈"八卦"布局

2. 村口场院

村口场院是乡村空间序列的起点，承载着物质、能量和人之间的交接功能，也是村民闲坐、交流感情的场所。传统村落的村口空间主要承载着交通、防御、标识、祭祀、聚会等功能，景观要素包括建筑、水体、道路和植物，空间范围包括村口与村外道路交界空间、村口广场空间、村口与村内道路交叉口空间三部分。从现代功能需求上看，乡村入口的防御和祭祀功能减弱，但这两方面的文化传承和景观元素的承载有利于人们认识和理解乡村的人文精神，是我们需要共同保护的乡村记忆。

不同类型的村口场院具有不同的特点和景观组成要素。

❖ 村口场院景观特点

类型	景观要素	功能作用	空间表述特点
标志性村口	庙宇、牌坊	宗族礼教	＊ 为突出风貌特色，营造出印象鲜明或有标示性景观元素的空间，起到空间限定和标识指引的效果。古代的这类入口空间会有钟鼓楼、城墙（门）等，起到军事防御的作用
	官道、驿站	军事防御	
过渡性村口	水塘、桥	营造氛围	＊ 通过组织景观序列，形成村内外层次式或渐进式的衔接空间
	古树、溪流	空间限定、提示指引	
导向性村口	绿植、铺装	引导游客	＊ 通过入口的景观序列引导人们进入乡村中心

⊙ 7、8 标志性村口牌坊及城门

⊙ 9、10 过渡性村口景观。将村外原有水塘改为水池，同时溪门后设步道

⊙ 11、12
安徽歙县许村村头由一组虚实的组合完成空间承接关系：承恩坊正对高阳桥而立，迎接由桥东来往之人；大观亭以八角的形式转折了人流路线至亭北；五马坊则呼应大观亭，引导流线。这样丰富的形体关系，突出了村落空间的序列变化效果

13 如意场院

14 场院门口

15 照壁

16 大门

17 陈氏大宗祠

18 宗祠与水池间的空地

19 芙蓉村总平面图

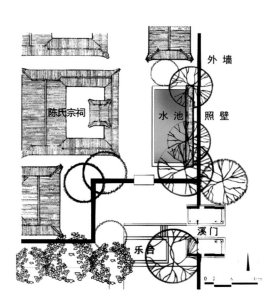

20 入口场院平面图

● 13—20

浙江永嘉芙蓉村的入口位于东边居中的地段，由溪门、乐台、陈氏大宗祠、戏台共同组成。东寨门是古村正门，具明代初期的歇山式双层楼阁，石材与木材相结合，上层明轩，设美人靠供人休息，下层明间设有台基，便于车马通行，旧时还有防洪闸门，现已不存。所有构成元素连接紧密，溪门与月台相连，月台与如意街夹角处便是陈氏大宗祠，糅合成内向型村头空间，极具围合感，使用者自然而然形成聚集。两层楼高的村落溪门在过去不仅为观景场所，更可登楼瞭望敌方，具有高度的防御功能。乐台最具仪式感，空间上紧连最为热闹的如意街，青砖与条石的铺装虽能看出是后人修葺，但并不妨碍民俗气息浓郁的宗祠作为礼制建筑，举办族中大小民俗活动

21 寨门

22 里兄亭

23 东池

24 西池

25　苍坡村总平面图　　　　　　　　　　　　　　　　26　苍坡村入口场院平面图

● 21—26

浙江永嘉苍坡村的车门、李氏大宗祠、仁济庙、望兄亭、古柏，以及东西两池水域共同构成入口重要的公共活动中心，其中李氏大宗祠包括宽大的戏台、明亮的厅堂和宽敞的游廊系统。

以西池为中心点展开，宗祠、仁济庙均临水而立，望兄亭位于边角。车门作为环境的标志起着引导路径的作用，设计与建造都与当朝科举制度紧密相连，反映出苍坡先祖对文化功名的追求。

走近车门，如同打开一幅历史画卷，这些构筑物均被寨墙包围，人民在此安居乐业，村口大部分物质及非物质元素均以祭祀、娱乐功能而存在。景观组合以灵动的形象奠定了村庄的基调，保留半耕半读的生活理想，一如李氏祠规的教导——"耕为本务，读可荣身"

3. 公共晒谷场

　　每个村庄都有自己专属的公共晒谷场，即村里的活动中心。晒谷场是乡亲们心中的休闲文化广场，也是村里一个热闹的去处。当收割季节忙碌的时候，或是村里开大会、宴请酒席等，晒谷场就变成了一个露天会场。旧时在农村，晒谷场是村里晾晒粮食的主要场所，在孩子们的眼里，这儿还是消遣时光的游乐中心，跳绳、打陀螺、滚铁环等都是他们喜欢的游戏。

　　如今，随着农村城镇化建设的大力推进，传统晒谷场早已完成它的历史使命，与时俱进，改头换面了。它曾经占据的位置已经被打造成崭新的游客中心、老年活动室，甚至是临时停车场。然而，现代的美丽乡村建设需要面向更多样化人群结构的文化广场，可以尝试把晒谷场的传统功能保留下来，但并不妨碍改变其固有属性。

27

28

29

● 27—29
广东英德连江口镇淡地村保留了原有
晒谷场的功能和场地，作为户外婚礼、
野餐以及儿童游玩的多元公共空间，
与乡道之间的矮墙用竹子、石钵装饰
成流水小品，晒谷场旁边的建筑改造
为餐厅

4. 公共场院的街、院结合

在场院中增强公共空间体验的包容性和多元性，改造可以获得更长期的回报。要实现这一目标，传统的活动分区方式显然不能满足需求，且不利于各类人群的交流。因此，公共场院改造应考虑空间体验的包容性、共享性，营造全时、全年龄段的生活场景，促进游客的融入过程，让不同的群体在同一个空间中都能找到适合自己的生活方式。

下面列举了一些可供参考的改造模式，可以根据不同场院的服务功能需求进行选择，如餐饮、售卖、展览等。

● 30—32 佛山夏南村场院改造

● 33、34

广州泮塘五约将三座民居间的宅旁场院连通为公共活动空间，集户外茶歇、室内书房和咖啡厅等多功能于一体

35

36

37

● 35
广东佛山黄龙村将原有场院改造为滨水公共活动场地，新建的竹廊形成标识性构筑物，为白天的滨水活动遮阳，也为夜间的活动提供舞台

● 36、37
广东清远新华村把原有学校的操场改造为可以承载不同功能的开放式空间，与乡道通过围墙相隔。场地利用土砖墙、红砖墙以及绿篱限定空间范围，同时通过台阶和不同材质的铺装划分区域，在中央的场地平时可以户外就餐，周末也可以举行小型集会。每个空间之间通过小品和绿植形成良好过渡，场地内保留的大乔木和一些灌木果树也为各种活动提供了遮阴功能

❖ 公共场院的街、院结合

形态类型	平面图示	空间表述特点
线性排列的街、院相连		* 在场镇街道中，为了吸引客人，有意在自家门前留出空间，围合形成开放的院子，以此来拓宽街道，使街道与门前小院相连。 * 一些位于街道中部的商铺，做退让处理形成方形的半围合空间，供行人驻留。 * 也有场镇将入口的位置扩宽形成小院坝，吸引人流，同时也起到集散的作用
		* 街、院相连的平面形态能够通过错落的建筑将街道和院子结合起来，既有了简单的驻留空间，又能改变街道单一的形态。 * 在远离商业核心区的街巷上，可以将院子继续扩大，形成 L 形的院落平面，这样，既有和街道界面一致的院子，也有更加深远、私密的院子，形成两种院子的结合
街、院相连的转折		* 当两条街道相交时，街道呈"十"字形或"丁"字形，交接处至少有一个角落往后退让，或形成广场，或形成庭院景观
街、院相连的交叉		* 当街道随着地形出现转折的时候，也会出现内角的位置建筑退让，围合的平面形成院子，增加街道宽度及可转换的弹性
街、院分开		* 受用地局限，有些场院只有一条青石板路，两侧民居布局紧凑，只能将院子与乡野小道结合在一起，形成主街道与院落完全分开的形态

5. 戏台场院

戏台是为了丰富场镇文化而出现的, 在公共街道上的布局主要有三种: 一种位于街道的场口 (如四川广安肖溪古镇戏台、重庆走马古镇戏台等); 一种位于街道的街心 (如四川乐山罗城古镇的过街楼戏台等); 还有一种则位于街道分枝的一端 (如四川雅安上里古镇、成都洛带古镇的戏台等)。

戏台的布置成为场镇街道上的一大节点。当戏台前广场有需要的时候, 居民可将自己门前的空地腾出来供大家使用, 没有需要的时候, 便随之将其作为生活院坝广场, 一举多得。

● 38—41 各式戏台

● 42
浙江永嘉埭头村陈氏宗祠内还保留着古戏台, 为清代晚期重建, 醒目的"可以观"三个大字位列正中央。柱子上均镌刻着诗词, 顶盖内侧画满了彩画, 似乎还在诉说着这里历尽沧桑的历史

❖ 戏台的功能形态与空间特点

所处位置	功能形态分析示意	空间表述特点
位于场口		* 戏台有活动的时候，空地用作观戏区域，场口集散功能形态转换为社会活动的功能形态
位于街心		* 戏台位于街心，为了不阻碍交通，一层为通道，二层为戏台表演区域。有社会活动的时候，戏台前的街道公共交通功能形态转换为看戏的社会活动功能形态
位于端头		* 戏台位于街道的端头，形成三面较为封闭的空间，平时可作为人们活动的院坝。有社会活动的时候，戏台前的公共空间形态转换为看戏的社会活动功能形态

● 43—45

广东佛山北滘村竹子户外剧场，通过置入竹结构装置，为居民提供一个休憩兼举办小型活动的空间，是村中心具有复合性功能的景观标志。

剧场由两组反向竹构架单体首尾连接组成闭环，形成悬挑三维双向曲面，空间实现了 12m 的跨度。两组竹构架结合传统竹编技艺构成，屋面的覆面由竹篾编制，并覆盖棕榈皮，将中间空出的微型庭院作为过渡空间使用

6. 生产场院

生产型场院包括酿酒厂、酱园、蜡染厂等，这类场院一方面与街巷的肌理维持一致，另一方面作为重要的历史生活场景，发挥着现代的历史文化教育和乡情寄托的作用。

- 46 乌镇酿酒厂
- 47、48 乌镇酱园
- 49 乌镇蜡染厂

7. 风俗活动空间

　　传统村落民俗活动作为中国传统文化的重要内容，是我国的特色文化之一，也是最自然的村民生活体现。民俗活动的类型主要包括节庆民俗、婚嫁民俗、贸易和游艺民俗、信仰民俗等，涉及衣食住行、社会生产、寿辰禁忌等方方面面。

　　比如，浙江嘉兴乌镇一带养蚕地区为祈求蚕苗丰收，民间每年有举行爬杆表演的传统。在乌镇东栅的财神湾船，船上立根竹竿，表演者身穿白色服装，爬上竹竿顶做猴子捞月、鸽子翻身、倒竖蜻蜓、单臂吊立等动作，用来比喻桑蚕吐丝做茧，以祈福蚕苗能有好收成。

50

● 50　乌镇爬杆表演（又叫高竿船表演）

七、宅院

宅院即传统民居的庭院,分内、外两部分。根据建筑和景观空间的位置关系,可以将宅院归纳为入口前院、内庭院、宅旁花园和宅院植物景观四类。

❖ 宅院的平面形态

类型	平面形态示意	空间表述特点
封闭的开放院落		＊ 用地相对宽裕,次街(巷道)可以疏散人流,可将主街的展示面做到最大化
		＊ 当主街也有巷道的时候,院落的性质趋于商业化,通过巷道吸引人流。 ＊ 沿街商铺形成了两面经商的形式,增加商业的价值,丰富流线
半围合开放院落		＊ 为了主街的商业主立面,在地形条件允许的情况下,将院子放于建筑之后,作为辅助的空间与次街联系
		＊ 建筑多呈L形和"一"字形平面排布,通过小院子或巷道将街、院、室联系起来。 ＊ 院子联系主街和次街,以此来增强两条街道的联系

类型	平面形态示意	空间表述特点
多重开放院落		* 通过院子的渗透将平行的两条街道联系在一起，建筑为L形或T形，对院子进行平面限定
		* 建筑围合形成封闭的院子，通过巷道与街道联系，具有较强的公共性。 * 虽然院子看着较为零散，但是其空间形态比较通透，院与院的分割没有那么明显
片区多重院落		* 建筑围合形成的院子更加封闭，仅能通过围合的民居才能进入，形成片区内的私有院子，既保护了私密性，也满足了周围居民的公共性
		* 建筑围合形成的院子呈现出"多进式"的形态，使得院子空间有了多样性

1. 入口前院

宅院入口是联系公共空间与私密空间的枢纽，是变换封闭与开敞区域的一个转接点——半私密空间。其自身单体空间形式的多样以及与周边微环境组成的空间秩序，都会给人带来不一样的居住境遇与空间体验。

根据不同的地理环境，建筑一般会最大限度地依地而建，因此，其入口前院与民居的剖面关系也会出现多样化，主要类型包括退让型、直入型、同向型、折线型四种。

❖ **入口前院与建筑空间关系**

类型	入口前院平面图	前院入口与民居开门组织关系图示	设计说明
退让型	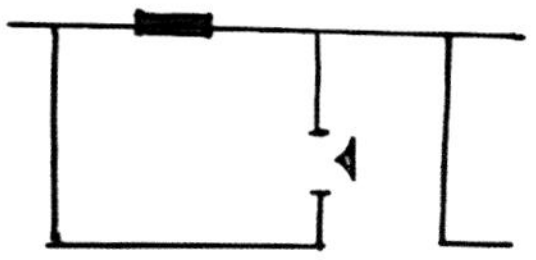	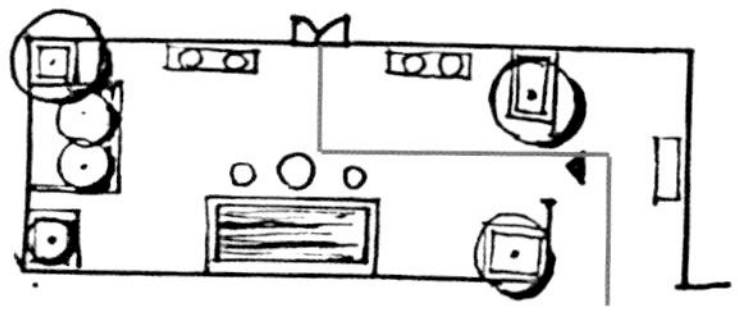	＊ 将院门退让道路水平线一段距离，使宅门和周边街巷拥有更多的缓冲空间
直入型	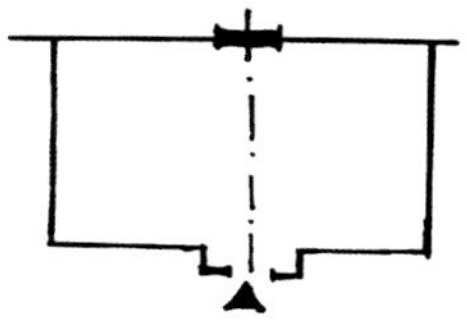	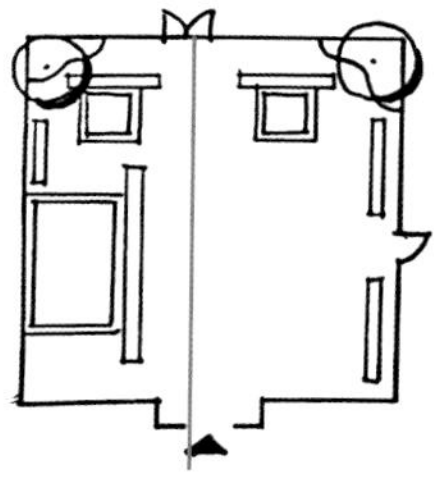	＊ 入口院门和宅门两门相对，呈轴线式布局，在直线上做各种空间变化
同向型	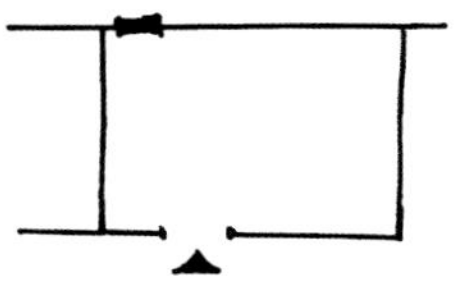	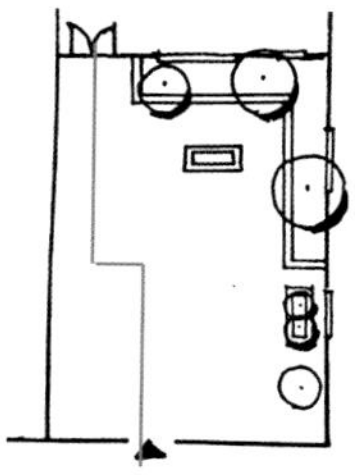	＊ 将入口院门和宅门安排在同一朝向，在同方向上转折，较为常见
折线型	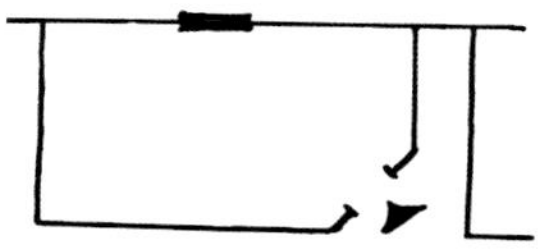	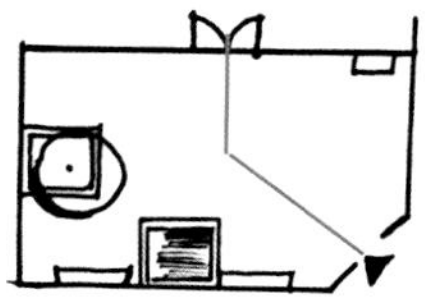	＊ 入口院门和宅门呈一定角度相交，进入庭院后转折进入民居，避免了周边街巷的视线干扰

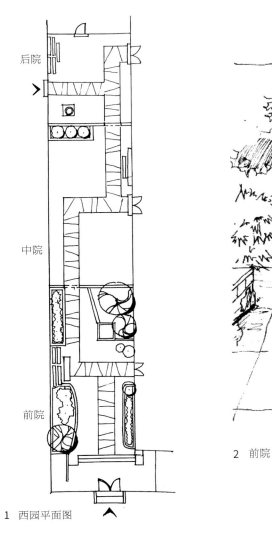

后院

中院

前院

1 西园平面图

2 前院

3 第二院门

● 1—3

安徽黟县西递村的"西园"是清代道光年间时任知府胡文照营建的宅居,距今已有180多年。其前院为一贯通的三户民居共用的狭长空间,主人将小院一分为三,三栋宅居便分别有了自己的室外小空间,但彼此又相互连通。

"前院"紧邻大门连接院外街巷,园主在院里精心布置了花木盆景、隔墙漏窗等。砖雕的漏窗图案精致,姹紫嫣红的花木富有生机,既是小院的点缀,又是空间的导向,特别是镌刻在通往第二院门洞上的"西园"二字,更是园子的点题所在。"中院"不过多布置,专为家人提供室外活动之用,仅在靠墙的位置摆放几组石几条案,上面摆放盆景,为"生活小院"。"后院"实为"杂物小院"。前院与中院、中院与后院之间的券门洞、隔墙和花窗相互错开,使得三个小院隔而不绝、漏而不透

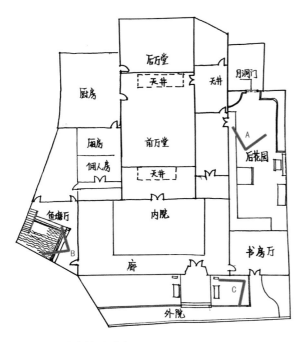

4 承志堂总平面图

Within the floor plan the following labels appear:

后厅堂 · 天井 · 天井 · 月洞门 · 厨房 · 厨房 · 前厅堂 · 后花园 · 佣人房 · 天井 · 鱼塘厅 · 内院 · 书房厅 · 廊 · 外院 · A · B · C

5 后花园

6 鱼塘厅

7 外院

• 4—7

安徽黟县承志堂的主人汪氏家族清代末年曾为盐商，往来于江西、安徽一带。该宅占地面积较大，入口大门内外空间的处理很是巧妙，既有明朗的轴线关系，又有清晰的导向性。其主入口位于相对局促的上水圳东侧，为使正门及整个建筑序列轴线朝南，避免大门面临街巷，特意在门前设置了一块前导空间，用以转折、缓冲和造势，转而进入前院。该宅前院宽敞，沿中轴线对称布置了花坛、坐凳。

由于大门和二门错开，不在同一轴线上，园主便将花坛置于大门轴线一侧、二门轴线之中，既方便了往来的人流，又构成前院的主景，也避免了视线的一览无余，一举多得。另外，前院的东南角还连通了一个小巧的三角形水园，这是因占地因素形成的"边角料"地块，被设计成一个连接宅外水圳的方形小水池，再围以美人靠，天连着水，内透着外，相当别致

2. 内庭院

内庭院是民居空间的核心，平面多呈"工"字或 T 字形，长宽比介于 1 ~ 2 之间，进深多大于面宽，一般按照轴线对称的方式布置。宅院内庭常以方砖或长条石满铺，通过不同的铺装材料来划定功能空间和限制高度。

传统内庭院会在院心砌起一个小台或石墩、石鼓，供奉保护一家平安的"中宫爷"。较大的内庭院可通过高差变化来划分层次，正房前的最高，也叫月台，月台前设台阶，台阶两侧设置抱鼓石。月台宽敞，是人们赏月、纳凉的好地方。唐代诗人杜甫的《徐九少尹见过》诗曰："赏静怜云竹，忘归步月台。"可见，赏月之夜上月台是古代文人风雅生活的一部分。

宅院内庭院的改造可以充分利用不同大小、朝向的空间来布置符合现代使用功能的场景。

❖ **古民居宅院洞门**

类型	示意图	设计说明
墙垣水平，圆形洞门（月洞门）		* 洞门高 2.1m，墙垣高 3.3m，牌匾宽 0.3m，牌匾与月洞门之间、牌匾与滴水之间"留白"0.2m
墙垣水平，八边形洞门		* 外径高 2.3m、宽 2.3m，内径高 2m、宽 2m
墙垣水平，宝瓶形洞门		* 宝瓶门高 2m，上瓶颈宽 0.6m，下瓶身宽 1.2m
墙垣拱形，圆形洞门（月洞门）		* 月洞门高 2.1m，墙垣高 3.3m，牌匾宽 0.3m，牌匾与月洞门之间、牌匾与滴水之间"留白"0.2m
墙垣拱形，海棠形洞门		* 海棠门高 2.1m、宽 2m，左右半径 0.57m，上下半径 0.51m

8

9

10

• 8、9

广东佛山容桂民居院落的拱形墙垣、月洞门和景窗

• 10

八边形洞门

❖ 花格漏窗类型

类型	示意图
正方形 花格漏窗	
八边形 花格漏窗	
圆形 花格漏窗	
其他形状 花格漏窗	

注：花格漏窗规格一般为 0.3m×0.3m，为混凝土预制件。

14

15

● 11—15

广州花都港头村把历代举人和贵人举办喜宴的诚意堂改造为乡村会客厅。通过沿袭传统工艺，在修复屋瓦面、青砖墙的时候，选取旧砖、旧瓦、旧石等材料，或是通过修旧如旧的工艺处理，让建筑原有的风貌得以最大限度地保存，质朴中透出岭南乡村的韵味。

回收的青砖都是经历了几十年甚至上百年时间的洗礼。先用毛刷清理青砖表面的污渍，再采用高温蒸汽机控制一定的温度和压力进行清洗，重现砖材原有的质感与厚重。

窗花的选材为炭化木，可凸显表面凹凸的木纹，天然质感与深浅不一的着色赋予窗花浓厚的古韵

延展知识点

◆ 瓦顶的修缮：

◎关键是新瓦当的做旧处理。首先用石灰水加盐煮数小时，使瓦的表面形成一层仿古包浆，然后用颜料和水泥沙补色。新瓦经此处理，无论是质感和颜色都接近旧瓦的味道。

• 16
中国黄沙蚬之乡——珠海莲洲的内庭院

• 17、18
浙江衢州彤弓山村有 800 余年历史，是浙江省首批历史文化村落保护利用重点村。村内一座 200 多平方米的徽派古民居改造为民宿，采用"村集体＋农户"承租的运营模式，按农耕文化主题统一打造几大业态主题体验馆和村史馆，让游客"沉浸式"感受农耕文化

19 黄土夯墙

20 院落

21 竹篱

22 水景

• 19—29

云南沙溪古镇民宿由三个传统院落组成，采用新中式风格来改造，增加和延续整个院落的活力。入口沿袭了传统沙溪建筑"坎正门斜"的设计手法，将门正对远山的最高处，取"凸为阳，凹为阴"之意图。整体建筑采用了传统的庭院式构造，两栋旧院，两栋新院，院院独立，又以庭院相连。新院以黄土夯墙，采用云南的传统房屋建筑"见尺收分"的方法，即取整木手工打磨做梁，每修一尺便向里收一点。整栋建筑从外围来看墙体略有倾斜，墙角不是呈直角走向，但能更好地防风和防震。

云南传统建筑的形态，现代清水混凝土的墙面，几个似连非连的"小独栋"，一前一后的两进庭院，使民宿既与环境相呼应、相依存，又具简约、纯粹的现代精神

● 30
广州泮塘五约某宅院入口，盆栽、藤本植物搭配竹门、竹篱笆，烘托入口的野趣特色

3. 宅旁花园（后园或侧园）

    对于面积较小的住宅，通常以庭园为中心，以求最大限度地利用庭园空间。而一些较大的住宅，则在宅旁或宅后开辟出小花园，种植树木、蔬菜等，但现今损毁较多。

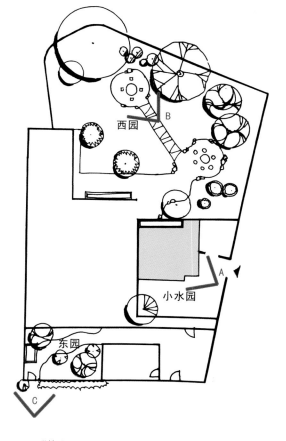

31 "德义堂"平面图

32　视点 A

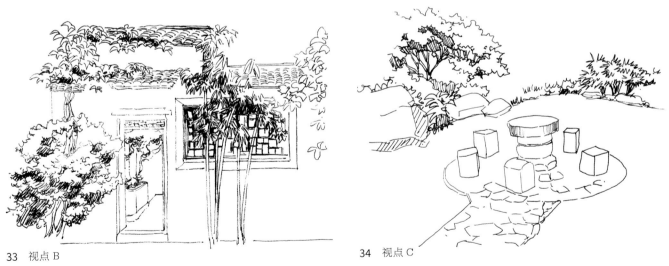

33　视点 B

34　视点 C

● 31—34
徽派庭院式民居"德义堂"正厅坐南朝北,为二楼三间结构。该堂正屋东西两边分设一明一暗两个花园,花园隔墙处有圆形漏窗,不仅能借景,而且极富装饰之美。墙上攀着一棵皖南猕猴桃藤,生机勃勃。花园内植果木繁花,四时花卉各异,其景也不相同。

"德义堂"前庭院开有一鱼池,水塘有暗沟与水圳相通,周围设四季盆景,院内繁花疏木、绿荫丛丛,可称"露天花厅",表现出主人对理想生活环境的一种追求。受建筑空间的限制,"德义堂"庭院较小,但主人却设计出漏窗分隔法,使狭小的庭院分多个层次,不会一览无余,同时在园中配上生动的题额,充溢着文化的气息

35

36

● 35
约建于清代嘉庆年间的"松风水月"民宅，体现了埭头古村先人高雅的志趣。"松风"是指古宅后山坡上松树郁茂，山风吹来，松涛阵阵；"水月"是指水中月，特别是中秋佳节，皓月当空，月映水中，在此赏月情趣浓酽

● 36
广州黄埔古村宅旁空地改造时利用旧建筑材料，包括石板和柱础等，组成休憩石桌椅，与古村氛围融合

❖ **宅院桌凳、条凳类型**

类型	平面图	立面图
桌椅组合		
石凳		

❖ 美人靠类型

类型	俯视图	剖面图
木制美人靠 （宅院）		
木制美人靠 （宅院）		
水磨石美人靠 （公共空间）		

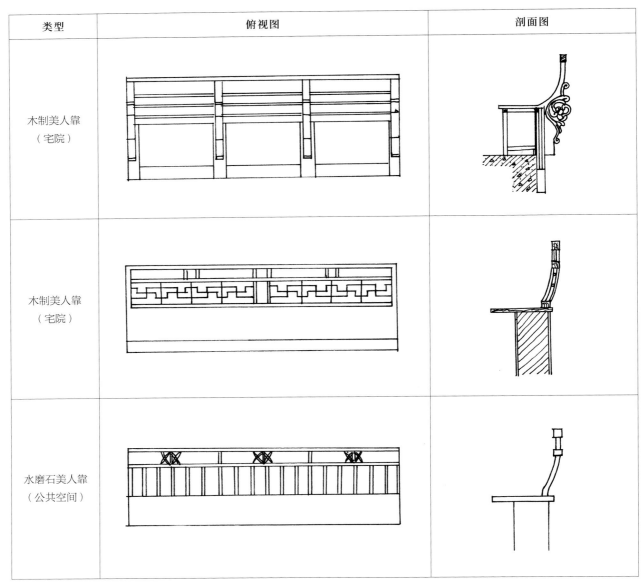

37 莲花柱

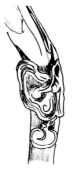

38 如意斜撑

39 竹叶斜撑

4. 宅院植物景观

宅院作为民居空间的一部分，也是家人的私密空间。因此，宅院内的植物配置会受到庭院的形状、面积，园主爱好和品位等多方面的影响。通过对古民居宅院绿化的树种结构和配置模式等调查发现：宅院的植物配置在水平结构上，以规则式为主，兼有规则零散式；在垂直结构上，以"乔木 + 灌木"配置型和"盆景 + 灌木"配置型为主，其他配置型为辅。

（1）"乔木 + 灌木"配置型

此类配置模式一般要求宅院面积较大，庭院内栽植乔木和灌木，兼有自然式和规则式。配置的特点是以某一株或数株乔木孤植为主，灌木或对称布置，或群植点缀，并赋予植物特殊的含义。

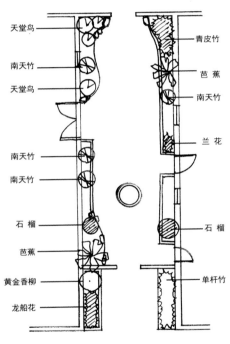

41 "乔木 + 灌木"配置模式

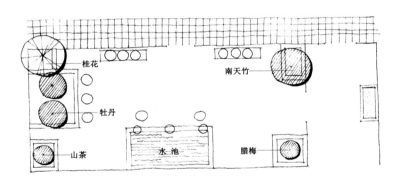

40 安徽黟县宏村敬修堂植物配置图

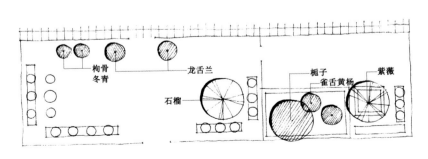

42 安徽黟县南屏慎思堂植物配置图

43

44

● 43、44
重庆山王坪村原银杏林场的职工宿舍改造，树林中的宅院运用自然的乡土要素组景，院墙用毛坯土墙结合瓦片收边的大漏窗，把周围的杉木林引入院内，唤醒了人们对自然和乡土的归属感

（2）"灌木＋盆景"配置型

在中型或稍小型宅院中，一般以盆景或灌木装饰为主，大多采用规则式配置，较典型的如安徽宏村德义堂、江西婺源李坑的李知诚故居等。此类宅院讲求严谨规整的构图，或以水榭和方池为中心，或围绕方形的花台进行装饰，或将盆景放置于矩形的石几、石板之上。由于此类配置较受建筑及构筑物的影响，故花木的配置方式自然而然地呈现规则式布置。院中的乔木为少量、适宜的点缀，与盆景的规则式布局共同构成方正规整的秩序感。

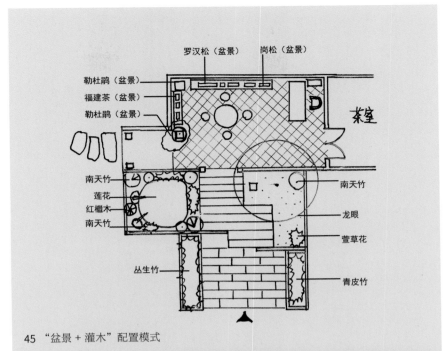

45 "盆景＋灌木"配置模式

46 门廊

103

• 47—50

茶园里的植物搭配以盆景为主

（3）其他配置类型

在较小的庭院或天井中，通常以水缸、鱼池、花台等为主体，种植水生植物，或者纳入盆景等，一般放置在大门入口、墙角、石几之上、天井之下等，形式多样，一定程度上反映了园主的个人追求。此类配置模式的特点是以构筑物为主体，布局紧凑，小巧洗练，取得小中见大、咫尺山林的效果。另外，其尺度适宜，构景得体，具有良好的近景效果。

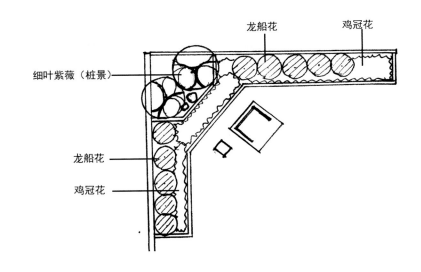

51　角隅空间植物配置模式

- 53 盆景树池 2
- 54 传统村落院落中的彩塑树池
- 55 河卵石树池
- 56 河卵石、木结合的可坐人树池
- 57 花岗岩（河卵石装饰）树池
- 58 青砖、瓦片树池

八、书院

传统书院集讲学、聚书、祭贤于一体，是承载历史记忆的场所，也是具有象征性和延续性的场所。

把乡村的老房子改造为书店（书斋、书房），让老房子得以重生，关键在于发现它们除居住以外的其他价值。老房子有着最契合山居的布局，只要稍加调整，适当更换一些材质，重构一些空间，闲适的山居生活便扑面而来。

书店是一种可以完整展现地域形象的载体，是联结过去与现在的文化桥梁。这种文化烙印足够吸引游客，是乡村书店赖以生存的关键养料，甚至成为游客的"网红打卡地"。

村民与游客都是图书的读者，也是村落的读者，当人们学会与村落对话，它便不再孤独老去。人们自发、主动地回归村庄，他们在老物件、老房子中间忙碌，仿佛是在与最初的理想对话。

● 1—3

位于安徽歙县雄村桃花坝上的竹山书院，采用园中园布局，以借景手法将周围景致纳入园中，而园林本身的山池则稍作点缀，与自然环境融成一体。设计运用多种手法拓深意境，将书院园林主题发挥。清旷轩为园中主要建筑，园林前部稍凸于讲堂，并于东南隅增设一园门。园东面做开敞式处理，面山临江，仅筑矮墙分隔内外，极尽借景之能事。其余三面环以建筑，形成主景庭院。建筑和景点之间以廊庑联系，长达数十米，曲折有致

● 4—8
珠海北山村的停云书房，前身是珠海的第一家私塾，充分融合了老建筑的特色，保留了斑驳的墙身、青砖彩窗，院子还有绿植装点

● 9、10
广州沙湾古镇书斋采用典型的"三间两廊"建筑风格，古色古香，还原了当时的"卜卜斋"文化，是沙湾古镇的文化中心。在书斋可以学习到科举文化的知识以及番禺地区"开笔礼"的习俗。书斋之内，是清末民初的私塾场景，虽然简朴，但庄重肃穆，即使百年之后，依然能够感受到浓浓的书卷气息

11

12

○ 11、12

先锋厦地水田书店位于福建屏南厦地古村村落北侧，被一片水田环绕。建筑的前身是一座荒废已久的当地民居，改造前仅保留着三面完整的夯土老墙和残破的院墙。

基于对场地历史及村落整体景观的尊重，新建部分基本隐匿于老墙之内，从外面看似乎什么也没有发生。残存的老墙被视为容器，包裹了混凝土和钢结构建造的新建筑。

混凝土以屏南本地炭化松木为模板，木纹混凝土粗野而细腻，与古老斑驳的夯土墙形成新材与旧物的对话。两排高耸的风火墙夹着一片向外延伸的场地，三面落地窗将厅堂的风景得以升华。这三面落地窗包围的空间位于建筑的第二层，它的主体功能是咖啡厅，书架和桌椅分布于咖啡厅的两侧，品风雨、看风景、读诗书，在厦地先锋书店可以完美地进行结合

九、祠堂

在我国南方地区，尤其是东南沿海一带，宗祠文化繁盛，很多宗族祠堂前面仍然保留着旗杆夹。一个地方的旗杆夹或石旗杆越多，表明此地的人才也越多，是一个宗族乃至一个地方集体荣誉的见证。

旗杆夹的底座，一般都刻有精美的吉祥图案（如祥云、植物等），并且有三种形状——四角形、六角形、八角形，其中四角形代表秀才，六角形代表举人，进士及四品官以上则为八角形。旗杆的上部也有学问，进士出身会做成两个四方斗，举人做成一个四方斗，贡生则没有四方斗。同时，功名也分为文、武两种。文功名的旗杆顶部通常做成笔锋，武功名的旗杆顶部则做成刀戟形。举人、进士不需要垫基石，贡生则需要垫一块圆形的基石，叫作磐石垫底。旗杆夹上的文字一般是官衔越大，旗杆夹也就越宽，旗杆也越长。

旗杆一般选用大口径的杉木，高度从几米到十几米不等。旗杆底部开有两个小孔，用硬木将旗杆夹与旗杆相连接。

1

● 1、2

福建南靖塔下村的宗祠建筑——德远堂张氏家庙，两边竖立着数量众多的石旗杆，由族人张振东于清朝嘉庆十七年回乡拜祖时所建，一共有19根，高约10m，蔚为壮观。旗杆上边的葫芦图案，代表着福禄后世，多子多福

● 3

广州沙湾古镇的"留耕堂"门口，有几对清代道光至光绪年间的旗杆夹，均为花岗岩白石砌成，保存十分完好。旗杆夹高2m左右，在露出地面的条状石头上各开有两个小孔，以便置入旗杆。两条旗杆石相距30~50cm

十、过渡空间

在乡村景观中，过渡元素的设计需要区别于城市公园和其他公共绿地，要在全面了解当地生态环境和地域文化（包括农耕文化、手工业文化、物质文化遗产和非物质文化遗产）的基础上，将生产性、生活性景观元素进行整合和再创造，设计出能彰显本土文化特质的乡村景观小品。

乡村景观小品广泛应用于生产、生活和生态空间的营造上，在过渡空间中往往成为点睛之笔，也能作为衔接不同功能空间的主题元素。

● 1
浙江嘉兴乌镇临水石板街的亭子，也是上一段景观序列的端景——月洞门

● 2
浙江永嘉岩头村的丽水街，全长300多米，有90多间店面，每间店面宽约3m、进深10m，为两层楼建筑。成列的商店前都空出有 2～2.5m 宽的道路，有屋檐披盖，以利于行人遮阳避雨

1. 院墙（围墙）

院墙（围墙）作为一种垂直的空间隔断结构，用来围合、分割、保护某一特定区域。乡村围墙建造的材料主要有木材、石材、砖、瓦、混凝土等，甚至还有绿植。院墙（围墙）的设计元素应尽可能地和乡土材料相呼应，如当地盛产毛竹，把毛竹作为主要材料结合其他材质组合而成的院墙（围墙），更能体现乡土情味。又如，当地的石头比较有特色，除了垒砌的做法，还可以尝试在笼子里装上石头，做成一堵石笼墙，也是一种现代又乡土的设计手法。

● 3 砖砌围墙

● 4 砖、瓦结合围墙

● 5
生火的木柴整齐摆放，嵌入装饰构建和搭配植物盆栽，成为宅前小院别致的一景

● 6
黄泥与瓦片的组合围墙
● 7
青砖、瓦片的组合围墙
● 8
黄泥、陶器和青砖的组合围墙
● 9
红砖镂空围墙
● 10
砖砌云墙

● 11—14

广州的工匠小镇景墙，以青砖景墙嵌入白色粉刷彩绘、方通格栅及斗拱架构，顶部为方通和筒瓦压顶。其主要功能是分隔公共道路和公共绿地的边界，呈现高低起伏的立面形态，用现代材料和简洁手法来体现岭南园林的意境。墙前搭配青铜情境小品，仿佛一幅乡村历史画卷，引人入胜

15

16

17

18

● 15—18
青砖与木质墙体、旧物件、瓦片、钢结构等组合，形成丰富的立面效果

19

● 19、20
在石材上增加文字，区别于传统
直接在石材上刻字，该做法景观
照明效果更好

20

2. 景门

中式园林的造园手法传统而智慧，"传统"在于大多采用的是"欲扬先抑"的手法，而"智慧"在于园子空间处理手法的精妙。景门往往和院墙一起，在传统园林中，居民讲究

"不占旁人一分地，不多搭建一间房"，用一堵墙开两个门洞，就把门前的空间限定了，拥有了限定的领域感，也区别了宅前宅旁的用地范围。

用一个建筑空间进行围合而又连

通的手法，就营造出不一样的意境和氛围，景门正是这一手法最主要的造景元素。

- 21 修复过后的云南沙溪古镇寨门
- 22 云南腾冲和顺古镇大门
- 23、24
  安徽呈坎八卦村的祠堂，对出广场的景门与巷道宅院之间的景门空间分隔，限定区域

3. 景墙

景墙在设计上有以下几种方法：

其一，体现回归生活的自然情怀，如使用木质或仿木材料建成景墙；

其二，吸收建筑设计的现代主义理念，按照现代空间的构成原则进行平面布局，选择当地的乡土材料；

其三，墙体的细部设计运用大量的新材料，如耐候钢、不锈钢等。

设计景墙可以将传统材料和现代材料搭配起来使用，现代材料可以解决功能和结构等问题，而传统材料则作为体现乡村文化的装饰元素，这种搭配会使景墙具有表现力，能带来贴合乡土文化的历史和文化体验。

25

● 25 青砖和老树头结合，形成半通透的空间分隔效果
● 26 利用废弃的瓦片、陶罐和青砖组合而成的景墙

- 27
广东佛山夏南一村村口广场的景墙，采用了传统瓦片与现代钢结构相结合的设计。钢结构作为外框的支撑结构，瓦片作为墙体
- 28 岭南地区独特的蚝壳墙
- 29 流水墙设置

❖ 景墙设计组合形式

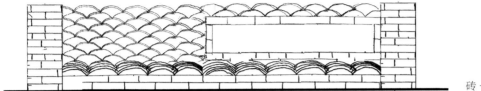

砖 + 瓦

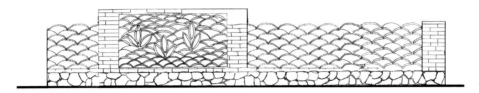

砖 + 瓦 + 石块

砖 + 瓦
（瓦片形成有寓意的镂空图案）

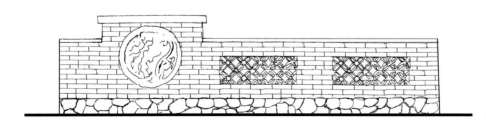

砖 + 瓦 + 石块 + 石磨

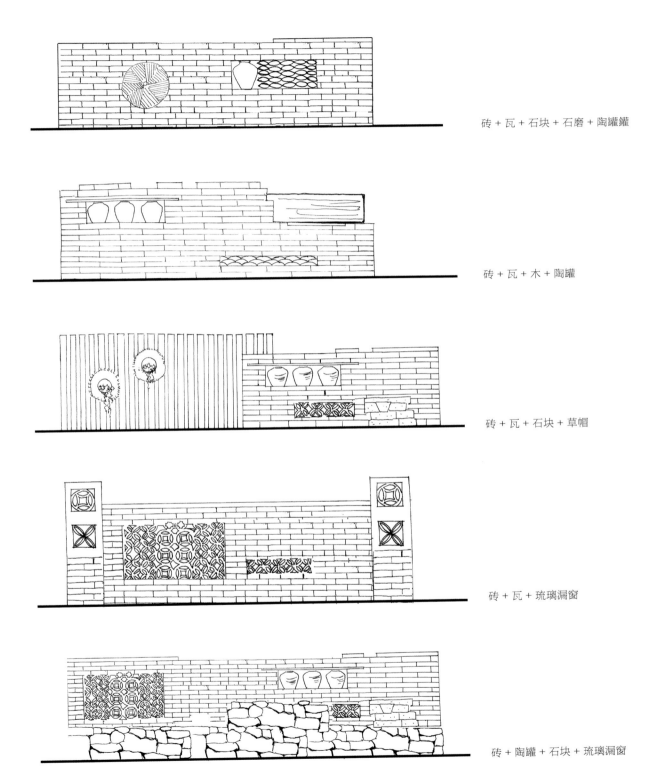

砖 + 瓦 + 石块 + 石磨 + 陶罐罐

砖 + 瓦 + 木 + 陶罐

砖 + 瓦 + 石块 + 草帽

砖 + 瓦 + 琉璃漏窗

砖 + 陶罐 + 石块 + 琉璃漏窗

❖ 常用景墙乡土材料

乡土材料	造景特征
瓦片矮墙	* 在传统瓦片和现代钢结构的搭配上，钢结构作为主要支撑体系，保证了景墙的稳定性，而瓦片则成为体现乡土味道和历史感的重要装饰元素
砖墙	* 主要有红砖、青砖、土砖和烧制砖，就地取材。 * 砖墙通过不同的处理方式，与其他现代材料相结合，灵活运用，能形成具有乡村文化内涵的景观效果。 * 在砖墙的细部设计中，通过砖块不同的构筑方式，能产生新颖而丰富的造景效果。 * 青砖墙是表达中国美丽乡村意境最重要的材料之一，从岭南地区到江浙一带，应用广泛。其淡雅色调及灵活多变的形态，能较好地和不同景观元素结合（如作为组景的背景墙，前面可搭配雕塑）
石墙	* 干垒石墙的原材料大致可分为毛石、料石、片石和河石四种。 * 毛石也称乱石，最为常用，一般块径大于300mm。 * 毛料石的外形较为方正，一般不加工或仅稍加修整，高度不小于200mm，叠砌面凹入深度不大于25mm。 * 河石又称卵石，粒径一般在10 ~ 40mm之间
石笼景墙	* 统一模数的钢丝笼，让笼子内的砖瓦有了更加自由的组织方式。 * 整个墙体的施工过程都遵循重力规则，越往上部的笼子，需要承受的重量就越小，垒砌的自由度也就越大。 * 材料上运用了更多的瓦、碎砖、旧茶壶等乡土材料，砌筑方式上也可采用更多的镂空，使砖墙显得更加通透

30 瓦片矮墙　　31 砖墙　　32 石墙

33 石笼景墙

❖ **传统石墙砌法类型**

砖墙：人字形墙面，压顶平铺

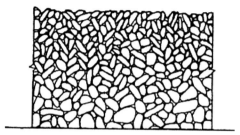

毛石墙：毛石从下往上，石块从大到小垒砌

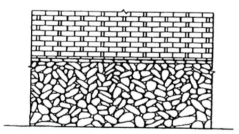

砖石墙：下部为差不多大小的石块垒砌，中间过渡为砖，上部砌砖

砖石墙：下部为差不多大小的石块垒砌，中间过渡为石块，上部人字形砌砖

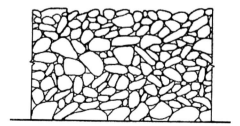

乱石墙：大小不一的石头堆叠垒砌

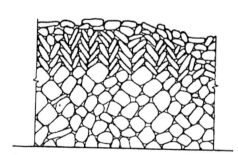

毛石卵石墙：下部为大块毛石块垒砌，上部垒卵石

4. 景观收边

景观收边就是指不同景观交汇处的细节处理，如绿化与街巷、铺装场地与花池的处理等。乡村景观的收边切记过度"装饰化"和"园艺化"，要保护乡土景观的韵味，秉持"宁缺勿滥"的原则。结合乡村实际情况，景观收边一般在生活空间运用较多，因为人停留时间长，还需承载各类活动，对细部要求相对较高，生产和生态空间应尽量少用，以保留乡土的原汁原味。

- 34 陶罐收边
- 35 石磨、青砖、瓦材收边
- 36 麻石收边

● 37　石竹子、麻绳、青砖收边

5. 护栏

　　护栏作为安全性景观元素，在滨水空间起着重要的作用，除了结构部分，栏板常用材料有混凝土、砖、木和竹等，多种元素的组合应用较为常见。

　　竹子原产于我国，在护栏上运用能增添韵味，体现东方美学特色，但原生竹子的耐久度一般，需要较成熟的工艺处理。对于景观小品而言，塑竹的做法既还原竹子的风韵，又能实现经久耐用的目的，而且低维护，是值得推广的技术。

6. 其他小品

　　乡村景观小品源自乡村生产、生活性景观，不仅蕴含着村庄的文化特征，还承载着乡土人情，述说着乡村故事。随着人们美学价值观的逐步回归，"自然美""朴素美"和 亲近自然慢慢变成了一种生活方式。因此，在乡村景观小品材料的选择上，越自然越好，常见的有砖、陶、木、石、瓦、竹等。

● 42
白墙上悬挂的店名牌、指示标识牌
● 43
竹器店的大竹篮
● 44、45
竹器店、理发店的"商招"

- 46 隐藏式的消防栓
- 47 直饮水器
- 48 码头高杆灯
- 49 乌镇中心广场修真观上的一架木制算盘
- 50 商业街路灯
- 51 竹木构筑物

- 52　客栈商招灯
- 53　结合场地条件打造的艺术小品
- 54、55　广州番禺沙湾古镇雕塑，结合民俗文化

● 56 就地取材，利用植物藤织作为休息坐凳，贴近自然

● 57、58 砖墙通过错落与斜角堆叠等拱接方法，以及镂空的搭
砌方式结合，形成丰富的立面效果。局部结合钢结构，再配合植
物景观，展现了砖墙的现代设计手法

● 59　广州番禺沙湾古镇墙绘，结合进士巷的典故绘制，别有特色
● 60　标识牌元素呼应当地竹子产地和生态主题
● 61　水稻田中的景观构架
● 62　稻田中的编织牛小品
● 63　舂米石臼

64

65

66

● 64—66
平庸的旧车站通过增加铁网架和一个艺术装置，立即变得前卫起来，这里也成了潮流艺术家
经常举办展览的地方（台湾铁花村）

十一、田园景观

　　自然和农业是区域范围内景观体系形成的基础，农业景观能够传承乡土智慧，保留地域文化，维护可持续发展。从地域文化保护与传承的角度出发，以传统农耕文化为主体，突出古村落居住环境依存的田园生产景观及其文化表征，以期探讨适宜新时期乡村田园景观的改造与更新。

1. 农田

　　生活在山区的古代先民们为了能够生存下来，需要对自然进行改造，因地制宜地发展山地农业，梯田成了山地农业的基本建设内容，也是重要的山区土地耕种方式。

　　所谓梯田，是指在山坡筑坝使土地平坦，修成层层相接的不规则田块。这些田块自上而下排列，像楼梯一样，故名梯田。梯田和水塘相结合，雨季时蓄水有利种稻，干旱、非稻季时可以旱作，实现山地有限土地资源的充分利用。在梯田中，一般会在田边筑起水沟，水可以从高处逐级流下，根据需要引水灌溉。

　　我国有着悠久的梯田修筑历史，随着汉代以来农业的发展，相沿不衰，日臻完善。在数千年来的人口迁徙、区域开发和历史变迁影响下，造就了非常典型而独特的山地农业景观。

● 1
浙江丽水云和梯田的乡村聚落与农田的关系：农田的分布和聚落类似，丘陵区形成"农田面状分布，聚落分布周边"的聚落区。低山区形成"农田大范围散布，聚落位于核心"的聚落区；高山区形成"农田在聚落两侧分布"的聚落区

● 2

桂林龙脊梯田有长达2300多年的耕种历史，被誉为"世界梯田原乡"。2018年，
联合国粮农组织正式授予龙脊梯田"全球重要农业文化遗产"奖牌。依托得天独厚
的生态优势，大寨村采取政府主导、公司化经营，以补助和分红的方式，带动村民
以农田入股，沿用传统的耕作方式，保持农田的原始风貌

❖ **农田排水系统**

乡土材料	图片示意	设计要点
蓄水系统		＊水源主要来自自然降水。 ＊地势较低的沟谷处农田，利用地形不断收集汇水。 ＊山岭处的农田，利用蓄水林蓄水。 ＊田埂根据用途、位置和尺寸可以分为围埂（宽度40～60cm）、主埂（宽度60～100cm）、毛埂（宽度小于20cm）
灌排渠系统		＊作为梯田地区主要的泄洪廊道，通过与其连接的多条渠系快速排水，控制上游山体的大量来水入侵，以减轻灾害的影响。 ＊通过干渠、支渠、斗渠、农渠和毛渠来串联河流、聚落和农田，保证水源供应。 ＊田间的输水、引水主要采用借田而过、毛细渠系、毛竹布水以及田埂开口来实现。 ＊地下输排水网络，主要运作于旱季

●3
广东台山浮月村拥有"稻田绕村"的独特风光，金色稻田与碉楼群相辉映

●4
"米埗"是粮食交易码头的意思，历史上是流溪河流域稻米、溪纸和头酒等商铺交易集散地。广东从化米埗小镇依托自然环境资源，以温泉为中心，依托农田打造不同风格、不同配置的高端民宿，谱写生态旅游的发展新篇章

5 网红复古仿蒸汽小火车

6 火车甲板上的户外休闲空间

7 草帽农场

● 5—7
广州迳下村以往的经济来源只有传统农业，通过美丽乡村建设，完成了"土山村"到"美田园"
的转变。村内几千平方的土地流转起来集约利用，打造数字水稻农场、高新特色产业以及乡村
旅游业。游客不仅可以在村内体验环游稻田的小火车，还可以在菜园采摘应季的蔬菜瓜果，体
会丰收的快乐。小火车为简餐餐厅，同时也是节假日举办落日聚会的舞台，在夏日晚风中，游
客一边观看乐队演出，一边分享美食，惬意而舒适

8 | 果林营地

⑨ 户外自然课堂

● 8、9

广州花都港头村引入文创教育、艺术展览、户外露营、餐饮娱乐等多元业态促进传统农业发展，主打绿色生态农业观光园和综合性青少年研学基地，着重培育休闲农业、乡村旅游等新产业的发展

● 10—15

江西景德镇寒溪村，作为在地艺术的创作地，将艺术与农田景观结合，以瓷茶文化为视角，注重在地项目的历史文化传承。几十位中外艺术家在此创作了在地艺术作品，通过丰富多彩的艺术活动展现村民记忆中的四季生活。"艺术在浮梁"是与寒溪村人共同创新的民俗节日，也成为当地的移民纪念日，为浮梁县的地方经济发展和文化振兴带来了一定的社会效益和经济效益，对中国当代乡村文化的振兴具有重要的启示和示范价值（图片来源：欧志图）

2. 山林（围村林）

　　村落与围村林交织形成丰富多样的人文空间和生态空间，围村林作为生态景观遗产，是乡村景观风貌的重要骨架，也是维系乡村生态可持续发展、延续乡村文脉、承载乡村记忆的重要载体。

　　在城郊的乡村，围村林的面积越大，村落的环境质量越高，建筑和街道的景观效果也越好。同时，村落拥有较大围村林板块，对保护生物的多样性、维持稳定的生态系统发挥着较为重要的作用。

　　华南地区大部分乡村在建设之初，便通过自然或人工的手法在村庄外围建设大面积围村林。尽管时代在不断向前发展，但由于人们心里强烈的保护意识，围村植物景观一直保持稳定，且有面积扩大的趋势。

　　在围村林扩大的过程中，结合人们的生产使用需求，新栽植物一般以果树为主，这说明在南方地区果树繁多的背景下，综合考虑了本土的文化价值与经济生产价值。

16　浙江永嘉埭头村古树

17　广西黄姚古镇古树

18　广西黄姚古镇老树

- 19 珠海接霞庄的围村植物体现出乡村独有的果树景观风貌
- 20 广东佛山长岐古村村前围村林

❖ **基于景观格局保护的围村林优化利用模式**

类型	格局示意	特征	利用模式	典型案例
村围林式		＊ 位于老城区，开发较早，无传统村落保留。 ＊ 周边公园绿地缺乏。 ＊ 可配合周边社区旧城改造或城市更新。 ＊ 人工植物群落为主，有一定的基础配套服务设施	社区郊野公园	广州黄埔珠江村瓦壶岗社区公园
村倚林式		＊ 位于城市集中开发建设区。 ＊ 周边配套设施完善，但农家乐等缺乏管理造成水质污染。 ＊ 传统村落景观格局保存较完整。 ＊ 以原生和乡土植物群落为主	乡村古树公园	广州增城陂头村龙山古树公园
林围村式		＊ 位于城郊，传统村落格局保留完整，周边为生态用地。 ＊ 树木资源具有特色，植物群落集中且风貌完整，物种多样性丰富	特色树木公园	广东三水长岐古村
林护村式		＊ 位于城郊，传统村落格局保留较完整。 ＊ 周边配套设施完善。 ＊ 以原生和乡土植物群落为主，植物群落集中且风貌完整，物种多样性丰富	乡村古树公园	广州黄埔莲塘村

3. 水系

水系的规划历来是传统村落建设内容的核心之一，主要功能包括日常生活的水源供给、生活污水和雨水的导流排放、消防（或防旱）用水的蓄留等。农田水系和村落水系通常是统一规划的，供水和排水都靠自流，在流向上颇为讲究。在规划水系前，会观察好村落地势的走向，由此决定可让水系自流的出入口位置。不同地区的传统村落水系构成要素略有不同，一般包括水口、排水沟渠、水井和池塘（水塘）四类。

21

22

23

● 21
位于江西婺源北部的理坑古村，通过理水保证村民日常生活所需，上下水的排放考虑对生态环境的保护，村里巷道内的水井、水池、井台的形式布局合理，历经百年仍在使用

● 22—24
江西婺源李坑村地处峡谷地带，宅院沿溪而建，只留一条溪谷和沿溪一侧通道，宅院高低不齐、进退不一，小平桥和石埠头有序布置，饶有趣味

24   25

● 25
湖南岳阳张谷英村的巷道除了清溪、石板小道和石板桥外，还有廊道和井台等构成串联的生活空间，充满浓郁的农家气息

- 26 浙江金华陶村水渠
- 27 安徽黟县宏村的河道
- 28 安徽黟县西递村的河道

（1）水口

水口是选择村落定居的关键，一般与村口有一定距离，常选在山脉转折、两山夹峙或水流蜿蜒之处，具有公共活动、精神寄托、平衡降水和水土保持的功能。

水口既是外部空间的结合关，也是村落的门户，一般位于流经村落的溪流汇合出口，在此处常筑桥台、桥塔等建筑增加气势，有时还辅以大树、凉亭、堤坝、池塘等。一些具文化底蕴的古村，常以文昌阁、魁星楼、文峰塔、祠堂等高大的建筑作为村落的文化象征。此外，还在村落周边景观突出的位置点缀水榭、庙寺、丛林，构成外围景观。

水口作为整个村落布局结构上不可或缺的组成部分，既是村落景观的起点，也是村民平日的聚集场所。它是村落序列空间布局的前奏，也是村里和村外序列景观的底景。这里的一景一物都具有丰富的文化内涵，是整个聚落社会的精神支柱，许多村落的水口也成为村子兴旺的标志。

❖ 水口园林构成要素

构成要素	设计特征
水口砂	＊ 在地理位置上位于整个古村的入口处，起到障景、屏蔽的作用，使村落形成一个相对独立的空间。 ＊ 在水口的选择及设计中，水口砂是至关重要的。很多村落坐北朝南，依山而建，傍水而行，这种"枕山、环水、面屏"的格局恰恰是水口园林追求的理想格局
水口	＊ 水口一般都选在流出村落的地方，有"藏风聚气"之效。 ＊ 水口或小巧细腻，或大气磅礴，受地理位置及村落用途的影响。 ＊ 部分村落也会对水口进行适当改造
水口林和水口树	＊ 古人对围村林的营造十分重视，将其视为村落兴盛衰败的关键，所以，水口林和水口树也成为水口园林的重要构成要素。 ＊ 围绕水口的种植主要有两种：一种是在水口的内部及周边适当造林，称为水口林，多是挑选几种高大乔木进行合理配置，进而形成高低错落的背景林；一种是在水口将乔木进行孤植，称为水口树。 ＊ 水口林和水口树在涵养水源及改善环境方面起着至关重要的作用。 ＊ 它还具有许多文化上的内涵，如槐树寓意平安吉祥、黄连木寓意刚正仁义、樟树寓意长寿如意等
水口建筑	·水口处的亭、台、楼、阁等建筑，与水口林等共同构成水口园林。 ·每个村落都有自己独特的水口建筑，有的比较丰富，有的比较单一，这与村落的历史及认同感等有关
水口坦	·指水口空间中相对平坦的一块空地，具备城市中心广场的作用，在村落集会、祭祀中发挥着重要作用。 ·它的存在，为村落的大型集会提供了一个必备的场所

- 29 水口砂
- 30 安徽黟县宏村利用水口区域，将其彻底改造，挖掘河道、修建池塘等，使其完全成为一个人工水系统

● 31 广东江门古劳水乡水口林
● 32 浙江金华陶村水口的水榭
● 33 安徽歙县昌溪村水口坦（图片来源：梁雪松）

（2）排水沟渠

村落的引排水深深依赖着系统化的沟渠，因此，沟渠系统就成了村落规划的先决因素。浙江楠溪江传统村落的沟渠通常傍主街墙脚的一侧或两侧设立，分为明渠和暗渠。明渠是村落的主要给排水形式，暗渠多设在明渠跨路相接处或窄巷沿边，大多承担排泄污水和雨水的功能。

沟渠宽度大小不一，主街巷的沟渠较宽，一般在 1m 以上，其他窄巷里的沟渠宽度则为 0.2 ~ 0.3m。

❖ 排水沟渠类型

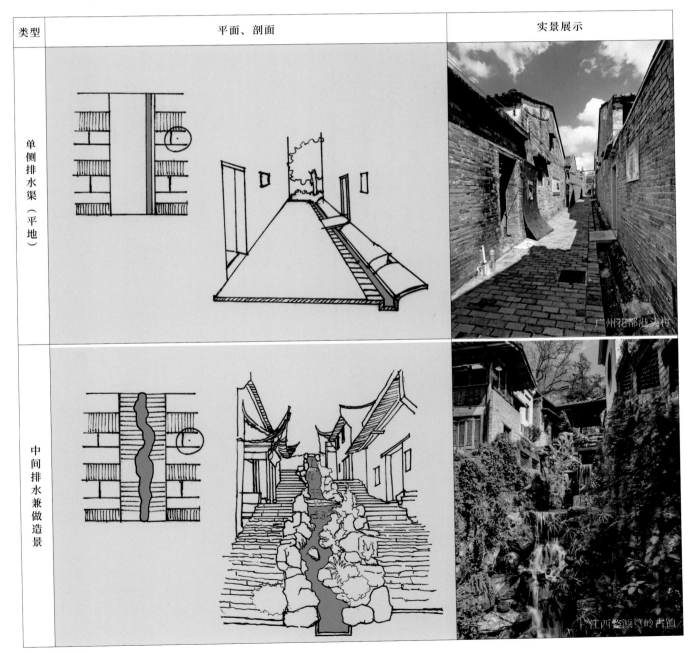

类型	平面、剖面	实景展示
单侧排水渠（平地）		广州花都港头村
中间排水兼做造景		江西婺源篁岭古镇

类型	平面、剖面	实景展示
单侧排水渠（高差较大）	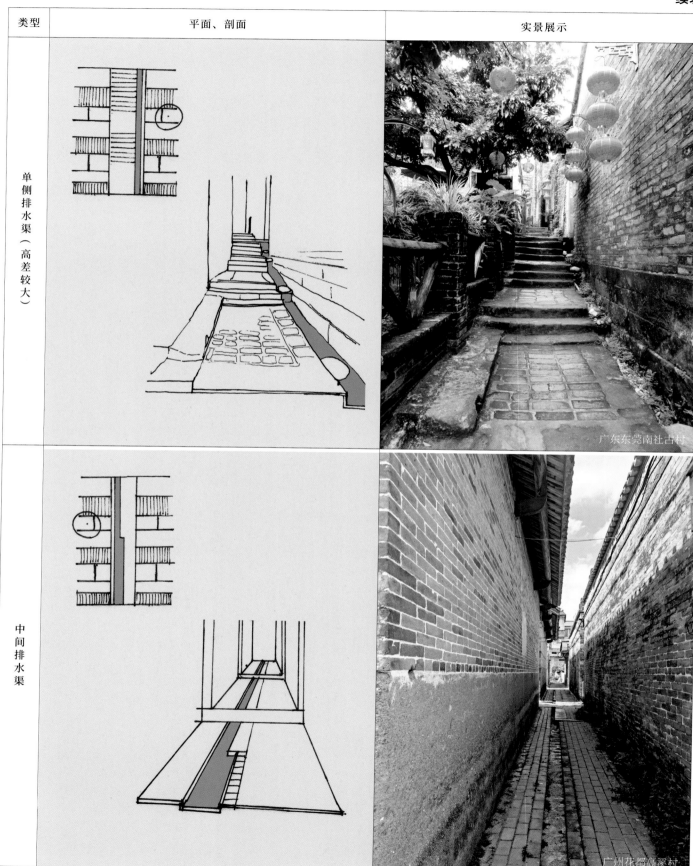	广东东莞南社古村
中间排水渠		广州花都高溪村

类型	平面、剖面	实景展示
单侧排水渠（有一定坡度，街道不等宽或转折较多）		 浙江永嘉芙蓉村的巷道及引水渠
两侧排水渠		 江西婺源篁岭古镇

155

- 34 云南腾冲和顺古镇水道
- 35 云沙溪古镇排水渠
- 36、37
安徽黟县宏村水渠改造后由于食肆太多，原生活性的河道成为"排污明渠"，水污染有待进一步整治

（3）水井

水井是传统村落中不可或缺的基础设施，大多数井边布置了相对宽敞的井台空间，面积较大的井台旁还植有大树，以便村民取水和进行社交活动。

根据给水系统的不同，水井的布局各有特点。其在传统村落中的布局一般分为三种：一是处于街巷的交汇处；二是村落的出入口位置；三是民居建筑内。比如，为方便取水和洗衣服，东莞地区的井台台面多用麻石或红砂岩砌筑成五边形、正方形、圆形等形状。

清代李斗的《工段营造录》中写道："落井桶、掌罐掏泥水则用杉槁、丈席、扎缚绳、井绳、木滑车，职在井工，拉罐用壮夫。"描写的就是凿井的场景。砌井不能用石灰，井壁须光洁，井底大、井口小，便于取水，又安全。最讲究的是井圈（又称井沿或井栏），可一井一圈，也可一井多圈。井圈形式多样，有圆形、方形、六边形、八角形及其他异形，一般采用石作，外侧往往刻有吉祥图案、铭文、建造年月等。

与水景相关的故事和习俗众多，如南方地区会在井边开辟池塘养鱼，相传养出的鱼特别鲜甜。有的地方还保留有储存"七夕水"的习俗，即在农历七月初七太阳未出之前，附近村妇会来井中打水，并将水储存起来使用，能去疮毒。

❖ 水井布局类型及主要特点

类型	主要特点
街巷交汇处	＊ 土井坑体呈竖直圆柱形，口径 1m 左右，深度数米，坑壁打磨平滑，清除坑内淤泥，便渗出清水。 ＊ 陶圈井是用陶土井圈垒筑而成的，井圈壁留有渗水孔。先挖一个土井，当挖至地下水位时，将陶井圈放入井内，再从圈内挖去沙土，井圈逐渐下沉，上端再套井圈，重复操作，陶圈井便成 ＊ 带榫砖井的剖面多呈梯形。砖的一端带有榫头，一端带卯眼，砖长约 18cm、宽 7cm、厚 3cm。砌筑时榫卯相接，技术可能来自古代穿斗木结构。 ＊ 小砖井则用长方形的小砖侧立围砌而成，这种小砖比陶井圈烧制容易，搬运便捷，也比榫砖容易购得，因此使用广泛
村落出入口	＊ 水井建在麻石垒起的高台中央，高台的东、南、北边是用长条形麻石架起来的栏杆，成为村民夏天的纳凉之处。水井地面上的圆形井圈由一块完整麻石凿空打磨而成。 ＊ 村落出入口一般设有井台，台边用石头砌成矮围墙，有石阶上下，井台上面铺有石板。 ＊ 有些水井还配有井亭，既覆井、护井，增添了景致，也为题额刻楹提供了便利条件。除了井额、亭匾之外，还题有井联

类型	主要特点
民居建筑内	＊ 窑院中，水井的位置多设在小窑里，或是窑腿的浅龛里，靠近厨房。 ＊ 井窑小而浅，通常宽 3m、进深 2.5m 左右，用砖砌井筒。 ＊ 为防止小孩跌入井中，使用青石板作为井盖，在石板中间凿出一个仅能放入一只水桶的圆口。井筒上部的砖一层层地叠涩砌筑，缩小直径，支撑井口石板。 ＊ 井底铺大石块，上面再铺一层细碎的卵石，避免打水时搅起泥沙。 ＊ 井口一般略高于地面，防止雨水及浮土进入，井口之上用木架装辘轳。为了方便晚间打水，常在井窑墙上掏出小龛以备放上灯盏照明。 ＊ 为了解决窑院（尤其是地坑院）的排水问题，院内常挖有渗井或渗池。 ＊ 每隔若干年，要将石板翻开清淤，使渗井保持最佳渗水状态
	＊ 岭南地区宅院内的水井，一般位于厨房旁，成为庭院的组成部分。有的庭院种植龙眼等果树，古井供居民洗漱、浇菜或饮用
	＊ 每个院堂内部都建有水井，用青色大理石砌成，井缘高出地面 30 ~ 50cm，可以防止污泥、浊水反流井内，具有很好的防污、排污功能。 ＊ 井旁有一个大石盆，石盆长 1 ~ 1.5m、宽 0.6 ~ 1m、高 0.5 ~ 0.7m，形状相似，大小不一，专供村民日常使用

- 38　红砂岩砌口的古井
- 39　麻石条砌口的古井
- 40　村口水井
- 41　窑院排水
- 42　岭南地区水井
- 43　院堂内古井

（4）池塘

总体来说，池塘之水是属于静态的，其光洁如镜，与周边墙体、植被、蓝天、白云的倒影形成虚实相生的景象，并随着早晚、四季之变化而变化，使得池中倒影成为"第四维的景观"。

古人认为，池塘的形状最好是半圆形的，这种月形池塘可以丰盈，既融合了"聚齐、敛财"之意，又充分体现出村落宗族社会的精神象征。

在广东东莞西溪村的整体梳式布局中，池塘却是村落的"自然空调"。夏季风向使村落街巷与池塘呈垂直形态布局，能够将池塘上方吹过的凉风吹入主巷道中，并且实现巷道之风与天井热空气的转换，这是池塘作为"空气调节器"的另一种存在形式。

而浙江楠溪江中游村落的池塘，则常设置于村落的中心区域或东南部，汇储由水渠输送过来的洁净水源，还能用来防火抗旱。池边空间开阔，周边环绕了活动场地，在村子里造成空间的变化。由于水池特有的美学品质，通常成为村内重要的景观因素。

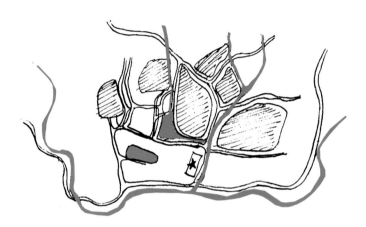

44　布局示意图

45　净化污水的小水池

46　村落中心区大水池

⚫ 44—46

湖南怀化江坪村四面环山，中间为盆地，五个长满楠竹的独立山包将盆地划分为两个半月形。

村落中间修建了三口鱼塘，两条溪流穿村而过，在村西汇合而下

47

48

49

50

52

53

54

55

● 53—57

广东佛山顺德平步村，围绕池塘改造增加了一处临水茶轩。茶轩采用茅草和木结构，连通茅草的石板路两侧种植芭蕉和黄金间碧竹，营造了幽静的氛围，同时形成相对私密的空间。塘中增加水塔、石灯笼和篷舟等园林小品，丰富了池塘水景，与水中的荷塘、鸭群相映成趣

乡村景观改造实践

案例1 古村肌理焕然一新——江西婺源篁岭古镇

1. 基本概况

篁岭坐落于江西省婺源县东北部，是一座有着500m海拔、距今已近600年历史的徽州古村，以优美的生态环境和经典的徽派建筑群被外界誉为是"中国最美的乡村"，也是闻名的"晒秋"文化起源地。

在快速城市化和乡村空心化的背景下，村落古建筑多处于"自生自灭"的现状，空宅任其倒塌。2017年，婺源遭遇了百年不遇的洪灾，篁岭也未能幸免，村内多处山体滑坡造成许多植被冲毁，给环境造成了难以修复的破坏。

篁岭改造项目既要针对性地恢复被洪水毁坏的植被和环境，又需兼顾保护性修缮与创造性更新，进而从全局视角实现老村庄肌理的整体焕然一新与和谐完善。

- 1 总平面图
- 2 鸟瞰图（图片来源：篁岭文旅股份）

2. 水系换新

篁岭枕山面水，属于典型的 U
字形聚落古村，民居围绕水口呈扇形
布局。引水项目选址在村口水口林之
上，将水涧汇聚而成蓄水池，沿山埋
设直径 160mm 的引水管至村头供
水池，尽量避免开挖山体，保护原有
的生态环境。

利用原山形高差预留叠水与瀑
布的位置，在毛石混凝土基础上浇筑
15cm 厚钢筋混凝土层，面上覆防水
布，确保工程完工后不会渗漏。房屋
也依地形高差错落排布，人工开挖孔
桩水泥浇筑基础，预埋各种管线，
留好排水、排污口。充分利用地形
形成的天然高差，并根据原有山沟的
走向，将山泉水导入村庄，形成完整
的水系。

● 3 宅院水景（图片来源：篁岭文旅股份）

自然式溪涧水景 1（图片来源：箬岭文旅股份）

自然式溪涧水景 2（图片来源：篁岭文旅股份）

3. 田园换新

古民居的混合式构架与错落有致的梯田、山水胜景共同融合为色彩与形状对比强烈的大地艺术景观。周边的万亩梯田以前是荒废的，现在重新种上了适应江南本土环境的油菜花和水稻，层层叠叠的生态景观再造宛若"打翻的颜料桶"。村落原有的菜地、果园也恢复了种植，村内与周边配植各色树种，四季变换出不同的花海风情。

4. 聚落换新

基于保护婺源的优秀古民居，结合乡村本土遗存的开发定位，独创了一整套"古建异地搬迁"改造方式，将县域内濒临腐烂、倒塌的典型徽派古建，通过技术整体搬迁并集中整理和原样复建。传统的民宅与公共建筑构成完整的徽州村落建筑体系，古建筑得到良好的修缮管理并创造现实价值，形成保护与利用的良性循环机制，差异化异地搬迁模式也成为中国古建筑保护的样本。

利用场地上原有的材料，如红土、毛石等，结合传统的建筑工艺，新建多样化原生态的建筑风貌。用老旧的石板铺设地面，镶贴卵石，古朴灵动之风与整个村落氛围相协调。不同的建筑、景观及空间要素疏密有致，互补增益，提升了村落的环境舒适度。

开发后的篁岭古村复原了近300m的明清"天街"，街旁密布茶坊、酒肆、书场，再现明清时代的辉煌，并动员村民返迁经营。游憩用房和铺面用房之外的老建筑，则精心营造成"乡愁旅居精品酒店"，雇佣当地农民提供"御管家"式的服务。

- 6 万亩梯田
- 7 开发后的篁岭村民宿
- 8 篁岭村公共建筑
- 9 篁岭村街巷
- 10 街巷绿植景观

5. 民俗换新

乡村改建旨在探讨并完善人和时间、空间的关系，氤氲在岭谷交错、溪水回环间的篁岭村落，最具特色的民俗景观就是"晒秋"。自祖辈起，篁岭村民就用平和心态与"地无三尺平"的崎岖地形"交流"，将一年劳作成果用竹筛匾晾晒，既不占地方，又便于收藏。

围绕这个主题，尽量将此人文符号放大，用美术的眼光与技法进行艺术化打造，在保留和维护传统空间肌理与建筑风貌的前提下，对篁岭古村进行内涵挖掘和文化灌注。

◉ 11—13 篁岭村的"晒秋"民俗

让艺术留住乡愁——上海吴房村

1. 基本概况

　　吴房村位于上海市奉贤区青村镇，北、西两侧至村庄自然河道，东、南两侧临路，占地面积 1.99 km²。"将美丽绘于乡村，让艺术留住乡愁"，吴房村的整体风貌设计源于著名画家吴山明与吴扬联袂创作的《桃源吴房十景图》。其改造实践从房、农、

林、水、田、路、桥七个方面着手，实现了在现状基础上保留原有的乡风乡貌。

　　在保留田间作物、水系河道和古树的前提下，建筑师考虑最多的是如何保留吴房村的历史印迹。调研了吴房村的历史建筑和周边环境，建筑基

调汲取了吴房村原貌最淳朴的粉墙黛瓦风格，为了与桃花相映生辉，建筑色调以素雅为主，柔美的坡屋面流线、朴实的木饰线条与窗框、步移景异的村落景观，展现出海派水乡的柔美和乡野风貌的淳朴自然。

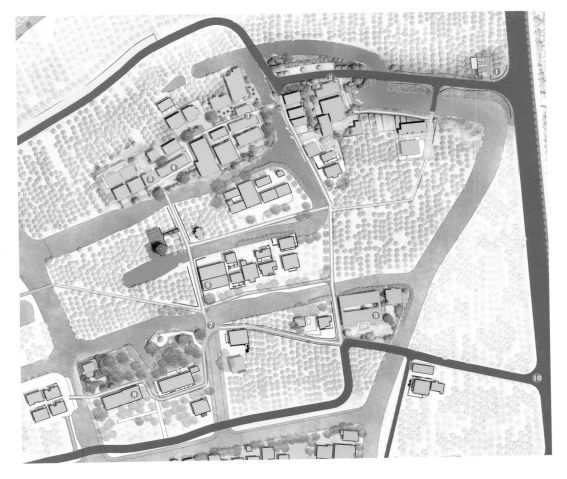

图 例

1 主入口
2 接待中心
3 餐厅
4 村史馆
5 民宿
6 企业总部
7 人字桥
8 工作室
9 中国美院乡村工作室
10 次入口

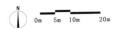

0m　5m　10m　　20m

1　总平面图

2. 村口景观——青春啊青村

村口是一个村庄给人初始印象的节点，也奠定了整个村庄景观设计的基调。运用传统乡土元素结合现代元素的手法，在标识上提炼出一些朗朗上口且具有记忆性的词句——青春啊青村，减少与年轻人的距离，拉近了疏离感。

3. 滨水景观——水边不止有桥啊

水系丰富是吴房村的一大特点，自然的河道只需稍加疏浚整治，即是一道亮丽的风景。设计师在此基础上补充芦苇、花叶芦竹、蒲苇等，以提升野趣，水面种植黄菖蒲、鸢尾、荷花、睡莲、梭鱼草等多种挺水、浮水及沉水植物，以净化水质，营造村落的水生态系统。

- 2 村口景观
- 3 码头
- 4 通往码头的园路
- 5 亲水平台
- 6 芦苇、花叶芦竹等水生植物
- 7 水边的不系舟

4. 街巷景观——花花草草曲曲折折

为了更好地营造乡野气息，村内人行小路以老石板、小青砖、鹅卵石等元素铺砌而成，配以乡野植物与淳朴小品的组合设计，令步行道更具乡土气息。

- 8　建筑外墙上绘有传统风格的壁画
- 9　生产和生活空间之间用矮墙分隔
- 10　街巷与院落用景墙分隔

5. 庭院景观——野趣十足

　　传统乡村庭院和城市庭院有较大不同，城市庭院的功能较少，主要用于休憩和适量的户外活动。近年随着乡村旅游的兴起，民宿、建筑师工作室、艺术家工作室等开始进入乡村，庭院的功能更加多元化，开始偏重休憩功能，关注美感，这对提升村民的审美具有一定的推动作用。乡村庭院也因村民生活质量的提升和生活方式的改变而改变，部分庭院不再需要养鸡、养猪等功能。

● 11　瓦片和自然石块垒成的矮墙
● 12　改造后的艺术家工作室
● 13　开轩面场圃
● 14　农家景观小品

- 15 建筑师工作室与街道之间的隔离围墙
- 16 村史馆内的陈设
- 17 桃花开满园（图片来源：谷德设计师网）
- 18 建筑师工作室与街巷空间的绿篱

6. 植物景观——桃花纷纷莺莺燕燕

作为黄桃之乡，吴房村的植物景观以《桃源吴房十景图》为灵感，十分贴合村庄的文化。种植方式包括了自然式、规则式（如菜圃），选用的植物也贴近乡土风貌。在植物搭配上，保留了村内原有的黄桃树、橘子树、柿子树、苦楝、榉树、榔榆及竹林，再增加本地常见的乡土树种。宅前屋后运用石榴、橘子树、柿子树及蔬菜，打造"花园，菜园，果园"三园。

同时，设计师于建筑周边、道路交叉口及桥边点缀了日本樱花、梨树、石榴树、美人梅、蜡梅、红枫、鸡爪槭及羽毛枫等，下层种植黄金菊、雏菊、绣线菊、美丽月见草、细叶美女樱、佛甲草、大花六道木及南天竹等，共同营造乡野氛围。

案例3 耕读文化传承的景观设计——广州明经村

1. 基本概况

广州明经村地处丘陵地带，由六个自然片区组成，包括左里、右里、仙岭南约、仙岭中约、仙岭北约和横下，拥有本地最多的牌坊和祠堂，记录了先辈对本村的美好愿景。村民崇文重教，兴建了多间书院和家塾，将自己的文化情怀等融入生活环境，渗透在村落景观设计中，耕读文化得以延续和发展。

耕读文化涵盖了古代农耕时期最重要的两件事——农业生产和读书荣身，即耕与读。在现代"乡村振兴"背景下，如何从景观设计的角度深挖耕读文化，延续村落的文化底蕴，是明经村改造面临的首要问题。

2. 耕读文化体验园

村里的茂德公草堂是国内首家耕读文化体验园，从古村生态景观的发展入手，结合传统文化内涵，以"旅游促发展"的理念探究乡村景观设计。

茂德公草堂占地约 13 hm²，耕读文化是一切设计的开端，并把它作为设计理念植入景观设计中，场地所在的良田是"耕"，深化"耕"的内容与形式，才能更好地融入"读"的特色和魅力。

全园分为六大主要功能区域，分别是德居、棠堂、耕读斋、康庐、集艺轩、躬耕园。以尚德、勤劳、耕稼、仕读、乐善、磨砺、功成、养心、爱施等中国传统耕读文化元素为创意线索，以园林、农趣、庙会为载体，规划了"立德院、耕读廊、上善乐园、多磨小径、打鼓场、养心苑、爱情岛"等特色景点。

●1

耕读以德为本，院中由中、韩书法名家倾情书写的61个各具特色的"德"字原石错落而立，夹道相迎，林木叠翠，清心怡情

●2

"耕读廊"一路树木葱茏，树上结出"心得99"古训，也就是99块写着古典名言、德育警句的木牌。抬头可见古训，让你一路走去，风景独好，不忘人性，明大德

3. 选用自然材质，细节体现文化特质

　　园中的小品大多采用自然材料，如木材、砖瓦、文化石等，使设计与乡村环境相融合。建筑风格质朴简约，茅草和竹子为主要造景元素，这也是耕读文化的体现，让游客在古朴的氛围里引领精神文化的传承。

> ● 3、4
> 石磨连接营造叠水，汩汩流淌，让人陶醉在"春之活水出深山"般的妙趣里
> ● 5
> 多磨小径——以石磨为主题元素的小品系列，由81个石磨组成了一条极富寓意的林间小道

3

4

5

● 6—8

入口场院被绿树竹林遮蔽掩映，进门后则舒展开朗，返璞归真的院门和小品给人沉浸感

● 9、10

以陶为元素，从屋顶、屋脊延续到墙根，从铺装、景墙到小品，丰富多元的运用方式给全园形成统一而富于变化的环境氛围

● 11

陶艺活动让游客参与其中，享受陶文化的熏陶

● 12—15

景观设计将耕读文化与美丽乡村建设有机结合，积极探索新耕读文化的表现形式，为乡村文化振兴注入精神之"钙"

老宅换新——浙江桐庐青龙坞老宅改造

1. 基本概况

  浙江桐庐青龙坞古村有一座木骨泥墙的老宅，紧邻一条山路，南面背靠青山，北面俯拥低台院落，占地面积 232m²。在建筑面积 130m²、高 7.2m 的双层空间中，要置入一个可容纳 20 人的"胶囊"旅社、一个乡村社区书店和一间阅览室。

2. 改造思路

  建筑之间的距离非常紧密，通过一条小巷串联起来，被竹海包围的这群老建筑，茂林深篁。

  以书店为例，建筑外观的改造是室内空间重组的延伸和体现，外墙上做了可控制开窗面积的窗户，尽量保持建筑原有的质朴。新增的玻璃木窗与夯土墙及原有的旧窗浑然一体，室外地面的青砖也悄然延伸至室内。

  建筑东面坐拥极佳的自然景观，建筑师将东面的整面山墙剖开，嵌入一个由木框架和聚碳酸酯波浪板构成的透明房子，让青山和绿林晕染至室内，屋顶的天窗也增加了室内空间的采光。

  当暮色降临时，室内的灯光透射而出，温存着山村的静夜，书香伴随人迹，激活了村落的"脉搏"，也点亮了新的生活理想，这里一年四季都将会举办各类文化活动。

1

◉ 1　场地总平面图

● 2　低台种植院落

● 3—5
放语空乡宿文创综合体
● 6—8
言又几乡村书店
● 9、10
黄土墙、黑瓦片、石子路，流云乡墅民宿通过保留古村的建筑格局和样式，
仿佛定格了时间，唤起浓浓的乡土之情

1. 基本概况

桃花源景点位于开阔的山坡地，四周连绵的常绿阔叶林形成自然的屏障，南面为白芒潭河自南往北流经，纵坡坡度为14%。其东北侧是典型的常绿阔叶林群落，和桃花源交接处为一峡谷，谷中溪流潺潺，彩蝶飞舞。

由于峡谷和白芒潭河之间水系不连通，植被群落不连续，导致缺乏"踏脚石"生境，阻碍了原生蝴蝶的繁衍生息。另外，每年夏季台风、暴雨或特大暴雨期，强降雨引起的山洪夹带山石和泥土直接从峡谷冲刷场地，顺着地势纵坡再流入白芒潭河，对区域自然环境（尤其是植被群落）造成灾害性影响。

- 1　总平面图
- 2、3　航拍图

2. 改造思路

本案的规划设计将景点营造与生态修复相结合，为山洪提供了一条排洪通道。排洪通道通过景观化改造为跌水溪涧，不仅消除了山洪灾害对场地的侵害，还为蝴蝶提供了连续"踏脚石"的栖息地，丰富了生物多样性。营建寄主植物、蜜源植物群落，提高区域的蝴蝶种群数量和密度。

修复后的白芒溪河道

● 5—8
河道成了孩子们的戏水乐园

3. 营造适合溪流生物栖息的生境

打造跌水、溪涧、生态池等，吸引蜻蜓等水生昆虫和蛙类，较开阔的水岸增设露出水面的置石，供蝴蝶停留休息。

考虑到某些蝴蝶（如玉斑凤蝶、绢斑蝶、报喜斑粉蝶等优势品种）喜欢在溪边栖息，获取盐类和氨基酸，因此，利用枯木、自然山坑石、卵石搭配水生植物、寄主植物和蜜源植物，改善原有硬质驳岸，模仿自然溪流的环境特征，营造适合溪流生物栖息的生境。

在观赏蝴蝶的核心区域，以供成虫取食的蜜源植物为主，沿着溪涧两边配植观赏花卉，吸引蝴蝶前来取食。核心区域内的植物高度要控制，

以利于蝴蝶群落的汇集和飞舞，同时保证开阔的观赏视线。

在核心区域外围，种植供幼虫取食的乡土寄主植物和原生种植物（如樟树、朴树、大叶楠、竹子等）遮挡

光线，形成适宜蝴蝶静息的荫蔽条件，吸引蝴蝶前来栖息。

据相关研究，水深超过 6cm 时容易让蝶类感到不安，所以，溪涧水深宜适度控制，且形式多样。

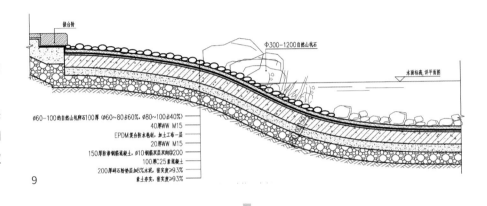

9

10

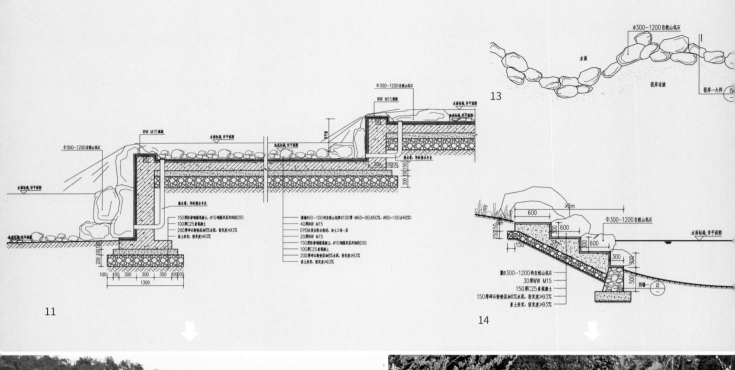

11

13

14

12

15

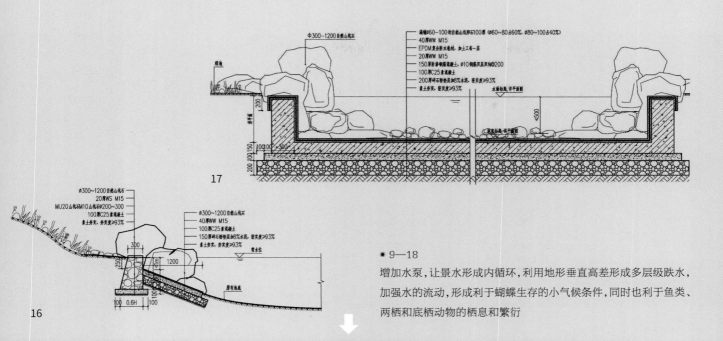

满铺∅60~100均自然山桃卵石100厚 (∅60~80占60%, ∅80~100占40%)
40厚WW M15
EPDM复合抗水卷材, 加土工布一层
20厚WW M15
150厚涂钢筋混凝土, ∅10钢筋双层双向@200
100厚C25素混凝土
200厚碎石垫层加8%水泥, 密实度>93%
素土夯实, 密实度>93%

Φ300~1200自然山桃石

绿地

水面标高, 详平面图

<500

17

∅300~1200自然山桃石
20厚WS M15
MU20山桃石M10山桃石∅200~300
100厚C25素混凝土
素土夯实, 夯实度>93%

∅300~1200自然山桃石
40厚WW M15
100厚C25素混凝土
150厚碎石垫层加8%水泥, 密实度>93%
素土夯实, 夯实度>93%

常水位

原有池底

16

● 9—18

增加水泵, 让景水形成内循环, 利用地形垂直高差形成多层级跌水, 加强水的流动, 形成利于蝴蝶生存的小气候条件, 同时也利于鱼类、两栖和底栖动物的栖息和繁衍

18

● 19、20

桃源人家欢迎你！桃花和油菜花是最具乡土特色的春景

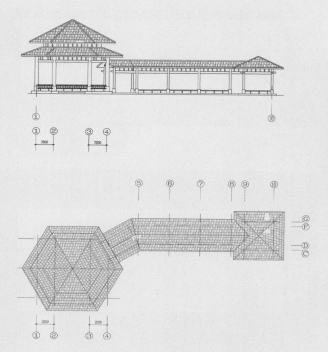

21　览山亭详图

● 22

结合场地现有芭蕉丛设置览山亭，并赋楹联点题，体现岭南地域文化特色

案例6 文化功能植入——广州花都港头村

1. 基本概况

港头村入口处为平房，原建筑与周围环境隔绝，缺少与自然和人的互动，内部空间较为封闭、阴暗。平房另一侧为历史建筑拱日楼，旧村建筑无法满足更多的社会诉求，但不能直接推倒重建，只能用"谦逊"的态度去更新建筑。

考虑到古村入口需要满足配套的文化设施服务功能，因此，如何让"隔绝"的建筑成为古村最"好客"的场所，从而构成入口标识性公共服务空间，是设计时需要重点考量的。

1

● 1　屋顶从原来的墙体上脱开，增加光线

195

2. 新旧共存、嫁接新生

通过引入新的混凝土框架结构，使屋顶从原本的墙体上脱开，将室外空间引入室内，封闭的场所与周围环境产生新的互动。大小、高度不一的功能盒子自然散落其中，与纵横的小路一同形成了街道的质感。由此，风与阳光进入被打开的建筑内，而人也以一种更为自由的方式进入建筑，感受老房子的历史与成长。

建筑提倡开放、共享，取消与场地的边界感，人由此成为建筑的主体。将这座新旧共存、嫁接新生的文化建筑作为游客接待中心使用，原场地的大树得以完整保留，树荫之下也是乡民茶余饭后的聊天场所。

场地不仅承载着盈利的责任，还搭建起乡村共享交流的平台。建成后的游客接待中心为村民提供了再就业的可能，也为儿童提供了艺术开发的天地，为乡村文化活动提供了展示的舞台，为摄影爱好者提供了办展、交流的新场所。

将美景与摄影结合、摄影与文娱结合、文娱与村民结合，形成互生的业态关系，做到良性的可循环经济模式，赋予场地新的使用价值。改造后的场地激活，为村民创造了更好的生活环境，也带动了村落的经济发展。

2

● 2—4
建筑临河一侧协调了河道、农田的关系，生态空间肌理得以保存和延续

3

● 5、6

不同的功能盒子散落其中，与纵横的小路一同形成街道的质感

7

8

9

10

● 7—10
室内外空间相互渗透，把自然之美引入室内，成为与人互动的文化展示场所

● 11—14

新、老建筑的交织与对话，表达出建筑的时间厚度

案例7　农耕文化的传承——北京中坞公园

1. 基本概况

中坞公园所在地曾经是中坞村的外围农田，栽种历史已逾300年。坞是指停泊和建造船舶的地方。明代永乐年间，因为造船，人员聚集形成了村庄。项目所在地一带地下泉水丰富，泉水喷涌而出，形成了密集的水道。后来，在漫长的岁月里，随着水源减少，逐渐退化为一片长满杂草和芦苇的湿地。

● 1—4　不锈钢板剪影雕塑小品

2. 设计理念

结合项目所在地的环境和地貌，通过"田园景致、柳林溪田"的设计理念，将园区打造为错落交织的平畴绿野。宽窄不一的园路曲折环绕，稻田、树林、草地、池塘、沟渠、洼地等串联在一起，寄舟台、覆春亭、娟碧轩、荷风桥等景观点缀其中。

3. 农耕文化景观体现

稻田依托玉泉山丰富的水源和适宜的气候，呈块状分布，蜿蜒的园路穿梭其中，与绿地、湖水、树林融为一体，四季宜人。在广袤的稻田中，散置一组组源自南宋画家楼璹所绘制《耕织图诗》的不锈钢板剪影雕塑小品，分布在不同区域的田埂上，展现了水稻从播种到收获的整个流程——浸种、祭神、插秧、灌溉、簸扬等。每一组雕塑旁的标牌上，都镌刻上了楼璹所撰的五言律诗，彰显了公园"农耕"的主题，同时给游客提供自然教育。

● 5—8
景观小品——标识牌、架空木平台、垃圾桶及坐凳

● 9—11

寄舟台、园路和花田景点

附录 1

❖ **瓦片常用物料及规格一览表**

名称	材料	颜色	产地	规格	代表图片
板瓦	黏土、陶土、琉璃	青灰、黑灰、枣红、墨绿色	河北邯郸、江苏宜兴	110mm×120mm 160mm×160mm 180mm×180mm 200mm×200mm 220mm×240mm	
筒瓦	黏土、陶土、琉璃	青灰、黑灰、枣红、墨绿色	河北邯郸	80mm×150mm 100mm×200mm 120mm×240mm 150mm×300mm	

附录 2

❖ **砖材常用物料及规格一览表**

名称	材料	颜色	产地	规格	代表图片
仿古青砖	黏土、陶土	青灰、黑灰	河北邯郸	240mm × 120mm × 50mm	
老青砖	黏土	灰	山东泰安、河北邯郸	240mm × 110mm × 55mm 240mm × 120mm × 50mm	
手工青砖	黏土、陶土	青灰、黑灰	河北邯郸	200mm × 40mm × 30mm 200mm × 40mm × 50mm 240mm × 40mm × 50mm 200mm × 50mm × 50mm	
红砖	黏土	砖红	江苏金坛	230mm × 110mm × 50mm	
页岩砖	页岩	灰	山东淄博	250mm × 15mm × 20mm 250mm × 50mm × 30mm	

附录 3

❖ **景墙常用物料及规格一览表**

名称	材料	颜色	产地	规格	代表图片
滴水	黏土、陶土、琉璃	青灰、黑灰、枣红、墨绿、玫红	河北邯郸	110mm×120mm 160mm×160mm 180mm×180mm 200mm×200mm 220mm×240mm	
勾头	黏土、陶土	青灰、黑灰	广东佛山	80mm×150mm 100mm×200mm 120mm×240mm 150mm×300mm	
	（琉璃）黏土、陶土	枣红、墨绿	广东佛山	80mm×150mm 100mm×200mm 120mm×240mm	

名称		材料	颜色	产地	规格	代表图片
花窗	金（铜）钱窗	黏土、陶瓷	青灰、中温黄、中温绿	广东佛山	150mm×150mm×150mm 300mm×300mm×45mm	
	琉璃葵花窗	陶瓷	中温黄、中温绿	广东佛山	360mm×360mm×40mm 300mm×300mm×30mm	
	海棠窗、四海棠窗	陶瓷	中温绿	广东佛山	160mm×160mm×40mm 300mm×300mm×30mm	
	龙凤呈祥窗	陶瓷	中温黄	广东佛山	370mm×370mm×40mm	

参考文献

[1] 林峰 . 江南水乡 [M]. 上海：上海交通大学出版社，2006.

[2] 薛林平 . 官沟古村 [M]. 北京：中国建筑工业出版社，2011.

[3] 何重义 . 古村探源：中国聚落文化与环境艺术 [M]. 北京：中国建筑工业出版社，2011.

[4] 林琳 . 当代粤西乡村聚落空间环境提升研究 [D]. 广州：华南理工大学，2018.

[5] 陈亚利 . 珠江三角洲传统水乡聚落景观特征研究 [D]. 广州：华南理工大学，2018.

[6] 武阳阳 . 江南水乡传统聚落核心空间景观特征的研究 [D]. 无锡：江南大学，2013.

[7] 周岑洁 . 楠溪江传统村落村头理景研究 [D]. 杭州：中国美术学院，2021.

[8] 任蓉 . 楠溪江中游古村落景观研究初探 [D]. 北京：北京林业大学，2010.

[9] 关玉凤 . 徽州古民居宅园景观特征研究 [D]. 南京：南京林业大学，2014.

[10] 张文英 . 转译与输出——生态智慧在乡村建设中的应用 [J]. 北京：中国园林，2020：13-18.

[11] 刘轩 . 川渝古道传统民居街、院、室的空间转换营建方式研究 [D]. 西安：西安建筑科技大学，2019.

[12] 陈露平 . 广东东莞九个传统村落景观研究 [D]. 广州：华南农业大学，2016.